健康 家庭 快乐 金钱

留出你过冬的粮食

——家庭幸福的理财策略

陈作新 著

中国商业出版社

图书在版编目（CIP）数据

留出你过冬的粮食：家庭幸福的理财策略 / 陈作新著 .
-- 北京：中国商业出版社 , 2018.11

ISBN 978-7-5208-0593-3

Ⅰ . ①留… Ⅱ . ①陈… Ⅲ . ①家庭管理—财务管理
Ⅳ . ① TS976.15

中国版本图书馆 CIP 数据核字（2018）第 216869 号

责任编辑：常 松

中国商业出版社出版发行
010-63180647 www.c-cbook.com
（100053 北京广安门内报国寺 1 号）
新华书店经销
涿州市荣升新创印刷有限公司印刷
＊
710 毫米 ×1000 毫米 16 开 14 印张 200 千字
2019 年 1 月第 1 版 2019 年 1 月第 1 次印刷
定价：99.80 元
＊＊＊＊
（如有印装质量问题可更换）

序

◆ 10年前，2006年在北京

10年前在北京，也就是2006年时，我写了第一册书——《留出你过冬的粮食——应付人生十大困境》。很幸运，第一册书受到保险从业人员与银行客户经理的钟爱，大量购买送给客户，令该书销售量突破500万册，非常感谢读者的厚爱。在之后与读者交流时，读者都受到该书的影响，买楼房来升值，买保险来保障家庭，让家庭的资产很早就达到小康的水平。

◆ 本书的重点

本书重点体现于人性上的处理。感情其实也是人生的重要财富，我们曾说，人有四种财富：健康、家庭、快乐与金钱。 我们一旦有钱后，整个人可能就会发生改变。"钱是万恶之首"这句话太对了，为了钱，道德孝义廉耻也许全都可以不顾，这是实实在在的"人性"。理财书籍，比较完整的话，必须除金钱以外，也将人性处理指导一下，"人性是千古不变的"，例如贪腐，历史上各个年代都有，现在社会还是一样存在。所以本书着重感情与家庭的处理方法，书中记录的很多案例，都是发生在现实世界中真实的案例。这些事情，很可能出现在我们身边，在书中我尽量提供一些意见，让读者在碰到类似事情时，知道该如何应对。所以本书的主题便是：家庭幸福的理财策略。

◆ 三分天注定，七分靠打拼

书中的案例，都是失败的人生写照。它用来照亮我们未来的路，应该如何防止悲剧的发生与来临。有些是可以避免的，如网上爱情骗案，这两三年在中国香港、中国台湾、马来西亚等地频发。其中有些是个人的愚蠢行为，有些是天意，如：父亲自杀，母亲变疯，我们只能警惕自己，珍惜眼前的幸福；"三分天注定，七分靠打拼"，人要多行善事多积福，碰到厄运，如何得到内心的平静，坚强活下去，是靠个人修为。看看别人的案例也是人生的一种启示。

◆ 重要的理财概念

书中的案例，其实带出几个重要的理财知识，这里摘录如下：

每人必须要有三个收入来源，打工尤其需要，但不能只靠工资，这太危险，如何达到第二、第三收入，便靠你的思考，谁达到谁富有。

退而不休，半份工作，维持三个收入来源，现在人的寿命延长，发达国家已达平均85岁。北欧的退休改革带领世界，人人都可以选择继续工作，自己决定什么时候退休最科学。

秉持正确的消费价值观，不买不必要的东西，不追求品牌，不与别人攀比。追求人的修养与修为，内心平静，知足常乐。现代孩子最需要正确的消费价值观。

致富方程式，光努力不够，还要加上胆量与思考。富不过三代，不留太多钱给孩子。很多人都选择家庭信托，梅艳芳与沈殿霞是最佳例子。

小富靠勤劳，中富靠投资，大富靠眼光与信念。

本书是人生重要的理财锦囊，希望本书对你将来有帮助，并在未来应用出来。

作者的微信公众号：留出你过冬的粮食

◆ **感谢**

最后，感谢江舒女士与范博涛先生的帮忙，感谢马来西亚的Celine Wong与Wong Pui Yee的图片设计，感谢张雅欣与武小臻提供的案例。感谢马来西亚办公室Ariene Tham、Yeong Hao yee和中国办公室严三香的协助，使本书得以顺利出版。

另外，还要感谢马来西亚Hong Leong Insurance Alicia Lee团队的启发，还有女儿Claudia Chan及弟弟Cliff Chan与妹妹Rena Leung赋予我写这本书的灵感。

陈作新

2018年1月30日于中国香港

目 录

【留出你过冬的粮食】

【家庭幸福的理财策略】

11

股市两届冠军的分享

01

男人不能没钱

致富方程式

一个失败人生的案例： 赌掉一生

　　嘉冰（化名）每次坐电车经过爸妈的家，都不禁想象着爸妈跳楼死了，一大堆人在围观。"我真的很怕很怕那种血肉模糊的场面，所以后来当他们选了其他方法，我竟然舒了一口气。"她平静地说，这些年，她看着爸爸妈妈一步一步地走上绝路……

■ 说不出是自杀

　　嘉冰有意识以来，便知道爸妈赌钱。家里不断有人拍门，甚至有陌生人守在客厅，都是放高利贷的"大耳窿"来追债。当时她才念小学二三年级，只能吓得躲在房间里。有时半夜还接到电话："陈太在吗？"而她不能回答不在，因为这等于证实陈太住在这里，"正确答案"是："没有这个人！""不知道！"或者把电话直接挂了。"大耳窿"不能证实妈妈的身份，也许就不会追债。"只是小孩子睡觉迷迷糊糊的，怎记得如何回答？当时压力很大，特别怕电话铃响！"嘉冰说直到今天，半夜来电时仍然会心里一惊。

■ 家中烧炭

　　沉迷赌博的是爸爸，可是妈妈为了爸爸，也一起赌钱。"他输了几十万！我还不帮他赢回来吗？" 妈妈就这样把这句话挂在口边，不断跟着爸爸去澳门赌场。妈妈不时会失踪一天，第二天回来样子好憔悴，但过了几天又没事似的继续去赌。

爸爸后来查出患上大肠癌，但更是肆无忌惮地去赌，妈妈以医药费为名，四处借钱。嘉冰当时在亲友的帮忙下念完大学，已经搬走。有一次生日，她打电话想跟妈妈一起吃饭，"浪费时间。"妈妈只丢下一句。嘉冰哭了，生日吃饭是浪费时间？

妈妈说得很坦白："如果要选爸爸和你，一定选爸爸。"嘉冰一字一字说："所以我好恨爸爸。"

爸妈愈陷愈深，原本晚上店铺关门才出去赌钱，渐渐地白天黑夜都在赌，店也不开了。嘉冰当时已经心里有数，打电话给妈妈，电话不通。打电话给防止自杀的组织，请社工去找爸爸也联络不上。是"大耳窿"发现爸妈烧炭的。妈妈故意不关门，"大耳窿"发觉大门一推就开，马上找管理处，连同管理员一起进到屋里。推开房门，窗边门边以布块堵着，中间烧着一盆煤炭，两人已经没有知觉。管理员马上报警。

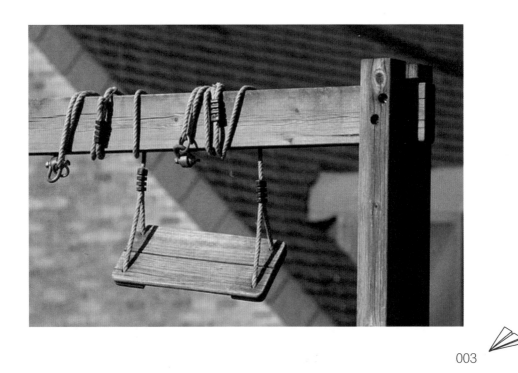

■ 逃避债项

嘉冰正在上班，接到姑妈的电话，镇定地对同事说："我父母自杀，明天不能回来上班。明天的会议，我会先把开会程序写好，请找其他同事跟进。"同事吓一跳，马上叫她不用写，嘉冰坚持做完工作，才找上司申请早退，"上司比我还害怕，叫我快走"！

嘉冰极其淡定，去父母家前，还特地买了口罩："楼下一定有记者，上去记者不会知道，可是待会跟着警察下来，就会拍照。"她一点也不慌张，冷静得连警察也奇怪："你的身份是？""我是他的女儿。"她简单地回答。妈妈因为躺在窗边有一点空气渗进来，还有呼吸，已被送去医院。嘉冰想马上去医院，可是警察说妈妈还没醒，希望先问话。嘉冰重复答了好多遍，不禁发脾气："我妈妈还在医院呀！"赶到医院，那里的警察又是连番问话，姑妈突然走来，低声说有一个男人似乎在偷听。难道是"大耳窿"？嘉冰非常警觉，生怕爸妈的债会落到自己身上。

■ 同事是我的支柱

为避免被认出，她特地穿黑色衣服，下班回家不断地换车，在地铁车厢快要关门前突然下车，等下一班车，或者提前下车搭出租车。回到家里她也不敢马上开灯，害怕被人看出住在哪一层楼。"我没有证据，但我一直觉得有人跟着。"亲戚都叫嘉冰离开香港，可是她不舍得刚开始发展的事业。

当时她还在大学念硕士课程，上课时同学围着反而最安心。那段日子，上课的时间她都在睡觉。如何处理丧亲的情绪？现实是大量事情要处理，根本顾不上。她也有一刻想辞职，以免爸妈的债主连累同事，可是同事不但减轻她的工作量，还叮嘱她上班："起码我们可以看住你！"

　　朋友特地约她吃饭，嘉冰提醒"别给你带来麻烦"，朋友毫不介意，和她一起谈天说地。"家事已经谈了太多！不想再提，反而谈其他事更能让我放松。"嘉冰说。

■ 妈妈疯了

　　妈妈被救醒后接受不了爸爸去世，情绪崩溃被送入精神病院。嘉冰每天都去探望，下班后特地煮汤带去，最初妈妈要坐轮椅，她说话时，妈妈眼望天花板，她喂饭时，妈妈忽然大笑。离开医院时，嘉冰在门外大哭。

　　大半年后，妈妈才渐渐好转，因为有自杀倾向，不能出院。这几年妈妈做手工、学烹饪，参加院内的活动，有次对嘉冰说："以前辛辛苦苦做工，都是还债，现在悠闲了，好过以前。"

■ 没有眼泪

　　嘉冰本来不打算为爸爸办葬礼，但去殓房认领尸体的那天，姑妈就在殓房后面办了一个小小的仪式，她也就出席了。认领尸体时，爸爸眼睛微张，姑妈很伤心，说爸爸死不瞑目，嘉冰倒是觉得经过冷冻，这是自然的反应。

　　"我没有很伤心，也不生气，只是有点可悲，一个人，这样就没有了。"她轻轻地说："我以前都是直接叫他的全名，但那天心里甚至喊了一声：爸爸，走好。"

　　自杀者的家属情绪很复杂。前年嘉冰祖母去世，她非常伤心，不断写信给逝世的祖母。但对于爸爸，她坦言这么多年一直看着他沉沦，结果是可预见的，我根本没办法阻止，我小时候曾想：是我令他们去赌吗？因为我提过想去加拿大读书？但我什么都做不到，也曾问过爸爸："你到底想怎样？"他没有骂我，只是不作声。

　　"丧亲家属有多难过，也得视乎和逝者的关系吧。"嘉冰无奈地说。传媒报导，影响力相当大，嘉冰却很欣慰报纸用了"恩爱鸳鸯"等形容词，觉得是认同了爸妈的恩爱。

■ 三年后写信给死去的爸爸，眼泪在心里流

　　过了三年，嘉冰有机会参加同行力量举办的"出死入生"生命教育工作坊。最初她为祖母画画，抒发难过的情绪，然后尝试给爸爸写信。她说，信里很多问号："如果你不赌钱，会否做一个爸爸？会否带我去游泳？和我一起去教会？我结婚时，会否陪我进教堂？"眼泪终于汩汩流下。

▉ 首席顾问评语

每次看到这个案例，都忍不住泪湿眼眶，世界上居然有那么惨的家庭：父亲自杀，母亲神经病，一个女生，孤苦伶仃，在世界上挣扎着，没亲没故，没有比她更惨的。

好多人问我，这是编的故事吧？我说不是，这女孩是朋友介绍给我认识的，我与她见面详谈后，记录下了她的故事。女孩现在生活算是安定，她读大学时，选的专业就是心理学，可能是因为她的家庭背景，让她对心理学有种特殊的感受，并且做的工作也是心理辅导师，可以听尽世界的痛苦。

女孩能坚强地活着是一个奇迹，这靠的便是她的心理专业与工作，让她慢慢地接受了现实，不靠家庭的帮助，自己养活自己。

她的经历是常人不能承受的，没有人能辅导她，只有她内心自行修补。她比任何人都早熟，知道人生的不易，"三分天注定，七分靠打拼"。

　　我们祝福她，她过去的灾难已够巨大，上天是公平的，灾难与幸福都是轮流而来，灾难过去后，幸福重新来临。感谢她分享这故事，让我们知道幸福不是必然的。对她来说，有一个完整的平平淡淡的家庭，已经是天大的幸福。祝福她。

　　快乐，自由，这便是财富。对她来说，多少钱都不如有个爱她的老爸；多少钱，都买不回一个完整的家。家是她内心世界的中心。

　　我们这本书是理财书，但我们一直强调，人生有四种财富：金钱，健康，家庭，快乐。

　　除了房产与股票这些以外，家庭的和谐、感情的得失，更是需要每个人掌握好的。理财与感情处理、家庭处理、健康处理，是所有人必须面对，也必须花时间去掌握的。钱只能解决我们生活上一部分困难，钱只是我们人生的一部分，不是全部。理财书也需要处理好人性的部分，才能算是完整的。

人生5个最重要的理财锦囊

■ 第一个理财锦囊：每段人生都需要三个收入来源

努力不会致富，太努力只会压坏你的身体。每个人赚钱的潜能有三种：体力、胆量、脑力。靠体力去赚钱是最低层本能，高一点靠胆量，再高一级靠脑力。例如：创业的人，三种潜能都用上，很努力便是体力，够胆开店便是胆量，卖哪些产品便要靠脑力。这就是为何小老板赚钱都比打工仔强，打工仔一般只用体力，一点点脑力，更加用不上胆量。

一般人的工资，到45岁便是高峰，工资再上去有困难，除非你是当总裁的材料，步步高升，到50多岁都是高峰。但一般人达不到这个水平，45岁以后只是在混日子，难有大的进步。从企业角度来看，年轻一代的技能可能比你更棒，年轻人工资比你更低，所以在职场里，你的竞争条件不占优势。所幸长期服务的员工，裁员时可以拿到赔偿，足够你有时间去适应。年纪大再找工作也不好找，现实是有些人在50岁左右被裁员，便一直找不到工作，赋闲在家。

所以说，要趁早准备三种收入来源，那是头等大事，不要等灾难发生，才去应对。除工资外，另外两种收入大体上来说，不外乎便是房产与股票，要具备这两种理财技能。所以相关知识是必须具备的，大学的课程只够普通生活，致富必须要掌握房地产与股市的投资途径。当然还有创业或投资生意等等，这要看你的周边环境有没有这种机会，有，便是你的运气。

兼职也是一种收入来源，例如在网上开个店，用你的产品，闯一条路出来。我们书里便有一个实在的案例，女孩被裁员后，自己缝制小孩的衣服，在网上成功热销。创业靠的就是你个人的本事与创意。创意也是一种收入来源，创出一些市场上需要的服务或产品。现在电子商务那么流行，人人都能做老板。

所以说，趁着年轻，赶快计划一下你的第二种、第三种收入，用你的思考能力，为自己创造好的理财环境。人有三种潜能，努力上班只是其中之一，思考创意是第二种，胆量是人的第三潜能，大胆去想，大胆去干。

任何老板都要动脑筋，你要富有也需要习惯动脑。每个人都有自己的特长，必须靠自己去挖掘你的优势，加以运用，创出第二及第三收入来源，这就是你致富的第一步。甚至到你退休的一天，也都要有三个收入来源。老年人若只有银行存款，微薄的利息收入不足以补贴生活，必须要有三个收入来源。

退休生活要过得好，你必须要继续工作，但可以每天工作半天。作为打工者，你在退休前三至五年便要寻找机会，找一份退休后的工作。其实也不难，例如周边有做生意的朋友，与他多联系，看看他是否需要帮手，由于是朋友，待遇与时间都可以互相讨论。我知道的例子：一位老伯去替女婿的贸易公司做快递送文件，每天三个小时，赚到半份工资，足够每月使用。天天走路坐车运动，身体比以前坐办公室时还好。

老年人第二个收入来源，是投资楼房，用于收取房租；第三个收入来源，假如对股票有兴趣，退休5年前便去学习，以便自己管理资金，能达到10%回报，便是成功。

老年人的收入也可以靠子女，假如你子女很成功，这是你有福气，别人只能羡慕。

每个人的背景不一样，老年人也要动脑筋，想出自己的收入来源，然后生活才安稳。

■ 第二个理财锦囊：每10年买一套房，在低谷时买入，为最佳时机

这是一些成功的投资者所建议的：在市场环境不佳，价格走势低迷时，便是购买房产的最佳时机，不要怕。Warren Buffett也说过类似的说话：最佳买入，是人家恐惧的时候。

为何是10年？10年其实是一个约数，可以是7年，甚至5年，取决于每个人的财力情况。其要点是：在你最能赚钱却又基本"月光"时，抽出钱来去买楼房，锁住你的钱，留为后用。楼房是长线投资，短期很难动用。

尽量多付首期，首付5成，余下的银行按揭，租金便可盖过，不需要你再分月付款。租金供满10年后，房子便是纯赚，有房租，也有房价升值。10至

20年，房子升值是可期待的，在你年老后没收入时，这可是一大笔救命钱。这笔钱便是你10至20年前风光时的举手之劳。

买房产的最佳时机便是价格的低谷时期，什么是低谷时期？那便是价格跌到极低，而别人又不敢买入时。此时往往可以极低价格买下，为你增添成倍的利润。这个忠告，将使我们一生受益，一旦准确投资，赚幅将远远高于别人。我的七成财富便是由此而来。

■ 第三个理财锦囊：反向思维：50%的时间考虑失败

看过很多理财案例，从富有到最后一无所有，社会上八成以上的理财个案都是以失败收场，做得漂亮的，只不到二成。这是纯属个人的运气还是另有原因？我发现其中最大的一个因素，失败的大部分是过于乐观的人士，成功者却是颇为悲观的一群人，他们之间的分别在于是否有反向思维：50%的时间考虑失败。

50%的时间考虑失败，是史玉柱先生说的。他经过巨人大厦的破产以后，在重新开始时，他会花50%的时间考虑不同的失败情况，将遇到的情况，如何解决的方案预先写下来。想不到方法的，召开会议，让精英参与，大家研究出一个应对方案。于是，在项目中途真正遇上障碍时，他们已经有了种种办法，所以有备无患，往往有惊无险，安然度过。50%的时间考虑失败，他以后就是常胜将军。失败者，往往是100%想着胜利，碰到障碍时，手忙脚乱，一塌糊涂。

无论是生意、投资还是人生，都有你想不到的事情会发生，"黑天鹅"事件，世界的金融危机，都不是你能预测出来，正所谓天有不测风云。在人生路程上，最终结果是喜剧还是悲剧，与你的预先计划有一定的关系。例如：

1. 买保险，便是反向思维，趁没事发生，先部署退路。

2. 股市风险，散户老是想赚，有没有在买的时候，思考退路，万一亏损，该怎么办。

3. 任何投资计划的介绍都是漂亮的，丑的一面，销售员永远不会跟你说，必须是你自己思考，万一亏损，你的退路在哪儿？

4. 新生意，新计划，都有风险，意外更容易出现，成功反而是偶然的，失败几率比成功几率高得多。360度思考，多些慎重，多些反向思维，先想好，万一意外出现如何逃命，这种思考更为重要与实际。

新的生意，首先是要有创意，有自己的特殊优势。其次是与合作伙伴的思维一致。新的生意，有大部分都会失败，只有少部分才能成功。乐观的态度是必需的，但也要保持一定的悲观思维，留出后路。亏损要有底线，到达什么时候便要叫停，一定要有后路计划。在胆量上富翁们都已具备，超级富翁则更具备反向思维，比普通人高几个层次。

反向思维甚至可以用在股票操作上。360度思考，预备好各种退路，万一股票跌下来，毫不犹豫减仓，不会乱了手脚。至此，操作时心理压力便减少许多，因为预设了大部分可能出现的状况，已经想好退路。遇到时，便马上执行方案，井井有条。所以反向思维，是用90%的时间思考失败，这也是成功最重要的一环。

■ 第四个理财锦囊：结交成功朋友，合作共赢

任何人都只能擅长一两个方面，不可能样样都懂。对大问题、大项目，必须有一批不同背景、不同角度的能人，聚在一起，互相讨论，找出一个最佳方案。

一个人的想法难免有失偏颇。我个人经验，大多数赞成的方案，便是最好的方案。个人的意见，往往只是一个角度的看法，采用了偏颇的方法，以后失

败概率是较高的。

圈子越大，知识越多，你个人解决不了的大问题，到了团队手上，便由各方面的豪杰，用他们的智慧与知识，帮上你一把。在合作项目上，各用自己的所长，控制项目风险，这样一起合作，风险会小很多。

没有人能十项全能，这就显示出人脉的重要性，你认识的朋友够多的话，你不懂解决的，说不准有专业的朋友帮你解决。所以朋友圈子要扩大、扩宽，多求教朋友，便可以找到解决的方法。

人脉关系，合作共赢，历来都有应验。书里有个个案，一位导游，与不同的人合作，最后成为一位成功的老板。这些都是人脉的成功，加上一些创意，不需要太多的技术含量。不是每个人都有马云的能量，能做出一个支付宝来的。但一般人没有技术也能成功，靠人脉关系，世界通行。

结交成功朋友，互相依靠借力，是成功的一大要素。

■ 第五个理财锦囊：你的梦想与信念

阿里巴巴的马云、腾讯的马化腾、万科的王石、万达的王健林，等等，都是梦想家，最后梦想成功，达到前所未有的高度。我们一般人，能做到他们的1%，便相当成功。

中国有梦，我们个人更需要梦。

记着这句金句：

富人不学习，富不长久

穷人不学习，穷一辈子

"月光族" 家庭月入2.5万元，还不够花

■ Easy come　easy go

月收入1.6万元的李女士是留美营销硕士，现任企业销售高层；爱人朱先生月薪9千元。家庭生活无忧无虑，她从来不用担忧孩子教育、自己的养老等问题。那么，她的家庭财务状况就真的不需要规划吗？当然不是！李女士家里的资产，除了一套房产外，总共只有1.5万元的存款，导致这种状况的原因是与她身上一些女性特有的理财弱点分不开的，这些弱点对家庭未来的财务规划是非常大的障得。请读者看看理财专家是如何解决李女士一家的理财问题和职业困惑的，希望对这类"月光族"家庭有些借鉴作用。

家庭成员

李女士　40岁　建筑公司销售经理　　年薪20万元

赵先生　43岁　地球物理学家　　　　年薪10万元

儿　子　10岁　国际学校4年级学生

家庭资产状况

金融资产：银行存款1.5万元；

固定资产：一套房产，价值200万元，银行贷款120万元，20年还清，利息4.25%，每月还8000元；

　　保险资产：李女士，商业保险（寿险），公积金的12%由雇主承担，并且有完善的社保。朱先生，没有任何商业保险，只有完善的社保和寿险。

规划目标

李女士月薪

1.6万元

▼

月支出

1.6万元

李女士说，有钱并不代表快乐，追求快乐人生才是第一位的！

如果让她觉得快乐，至少要解决以下三个问题：

（1）孩子不爱念书，怎么办？

（2）工作压力太大，怎么办？

（3）未能实现人生的财务自由，怎么办？

■ 首席顾问评语：分析财务困境原因

　　理财专家在和李女士交流后，印象非常深刻，因为李女士学历较高，同时具有一些女性特有的理财弱点。她自己也说，也许是工作压力大，常采用购物消费来释放压力，每个月在不知不觉中又透支了。有时看看自己买的东西，一点也想不起来是在什么时候、什么地方买的，虽月薪近2万元，却出人意料地加入了时尚的"月光"一族。朱先生挣得不如太太多，却也很头痛花钱如流水的太太，但他的劝告就像耳边风，根本没有用。近来李女士天天听身边的同事在说基金、养老等理财话题，虽然对生活没有什么忧虑，但是想想将来的工作压力，孩子的教育问题，多少还是有点担忧。李女士家庭月入约2.5万元，银行里却仅有1.5万元的存款，什么原因导致了这样的家庭资产结构？我们看看理财专家对李女士、朱先生家庭财务困境的分析吧。

问题一：工资高，但很穷

一般的人很难理解，李女士每月工资1.6万元，先生9千元，一家2.5万元的月收入，应该很富有，怎么却很穷？但事实却是，家庭要供一套房子的每月贷款8000元，所以只靠朱先生为家庭每月存的一丁点儿钱，银行中大概一共才1.5万元存款，大致相当于李女士一个月的薪水！

其实，李女士有着女性典型特征——"血拼"。由于高薪厚职，有三四张不同银行的VIP信用卡，她学会了美国人的习惯，先花"未来钱"，每月都几乎花光她自己的工资，完全没有储蓄的习惯。由于她出身高干家庭，从来不愁没钱花，已经到了40岁也没有认真做个规划，所以很"穷"。现在除了房子和一些价值不菲的钻戒翡翠等珠宝首饰外，没什么实物资产。

问题二："狂花钱"是一种身心的病态

在外企，高薪厚职的人都有一定的工作压力，工作压力大时，女性通常采用以下两种方式减压：

（1）喜欢吃东西。不高兴，心神不定时，打开冰箱，大吃一顿。

（2）逛街狂花钱。

有些女性只选择一样，或者大吃大喝，或者选择狂花钱购物。

问题三：家庭月开销太高

我们能清楚地看到，李女士的丈夫支付房贷4000元，而李女士因为收入比丈夫多，自然而然也为家庭作出更大的贡献。所以，李女士为家庭支付水电煤气等费用，购买家庭饰物，半年一次的家庭旅游，这些为家里支出的费用每月高达5000元以上，这些费用占她收入的30%以上，真可谓是"多得者多出了"！

以她自己的说法，她在单位是高管，"没品位怎么管理部门的几百人呢"？自然要穿得体面，1000元一件衣服不算贵。每月两件衣服，再买一双鞋，买个包，刷信用卡四五千元都觉得不太够用。所幸单位年终奖金有4万多元，也全部用来还信用卡的债务，倒也没有出现债务危机。

朱先生时常劝她少花点，但先生的话她根本就不理会。其实关键在于李女士自己没有节俭消费的观念。

问题四：她是钱的奴隶

"钱的奴隶"是指钱在操控人，而不是人在操控钱，没有让钱为自己服务。物质丰富只是表面风光。现在国内外有的成功人士，花销巨大，向公众展示出一种姿态：挣得多少是能力的体现，而越能花就代表你越成功。其实，有些所谓成功人士，内心空虚，成为了钱的奴隶，而非主人。

人除了物质需求以外，还需要"精神文化"，培养自己的品德内涵。有了内涵的人，钱只是他们的雇员，是更有效地为主人服务的工具。

没有内在的精神文化，死要面子，只会为了一份高工资天天累死累活，追求**"穿得好，吃得好"，只是做给别人看，自己及家庭不一定快乐。**

你可以买到昂贵的衣服，但买不了快乐；
你可以看得起医生，但买不了健康。
金钱只是人生财富的一部分，不是全部；
人生四大财富：家庭，快乐，健康，金钱。

问题五：健康人生价值观匮乏

李女士薪水较高，物质生活丰富，但没有正确的人生观、价值观。直言不讳地说，李女士花钱实际上不是为 "人生快乐" 在忙，是为花钱购物而忙，这是一种对人生快乐的误解。很多人不理解，为何老外常做善事，好像有点 "犯傻"，将钱无端地捐给一些他们不认识的人。佛语有云："施比受更有福。"钱捐出去，捐款人得到心灵安详，得到快乐，是外人没法看到的。在犹太人的习俗里， 他们有"工作六年，放假起码三个月"的"心灵充电"方法。他们会去一个安静的地方，思考人生的方向。

"有钱的人，有一半都不快乐"，理财行业普遍看到有钱客户的一个现状，原因就在于有钱后，他们的内涵没跟上，所以他们的种种表现，便是要变着花样富给公众看，虚荣一番，但他们内心也不会因为狂花钱就能安逸和充实快乐。真正富有的人，自信心足够，不用显示出来也很快乐。

人到40岁时，应该不为世俗的种种态势所迷惑，但是李女士现在40岁，却正处在迷惑期，假如有所突破，她就能有一个清晰的人生方向，摆脱自己的迷惑期，她的人生才会完美，才会快乐， 有钱又有快乐。

解决方案：她缺乏的不是钱，而是精神文化，正确的价值观

家庭理财规划方案，并不是买点保险、买点基金那么简单，以李女士来讲，她更需要的是"精神文化"的补充，这是家庭理财的核心，只有扭转她身心健康的恶化，才能达到治标和治本的作用。针对李女士上面提出的三个要求。提供的解决方案如下：

（1）亲子教育

李女士有普遍的教育观念，她认为念好书才是好孩子，望子成龙的观念很重。其实人的发展，也不一定是只有念书才出色，对孩子来说，天生的个性和

潜能能够自由发挥，他的人生就会快乐。孩子将来什么样，并不是任何个人能计算或提前设计出来的，绝不能强求。

但是作为父母，为孩子可以做的事情有：先为孩子储蓄一笔"财务自由金"，让他能对未来有一些掌控。如现在每月以固定金额为孩子储蓄一个教育基金，比如每月2500元来作储蓄，持续10年，如果年回报5%以上，10年后至少就有35万元。足够支持孩子大学或出国留学的费用。

（2）精神境界提高

李女士十来岁时，很想学钢琴、跳舞，但她那时候的教育环境和家庭经济条件不允许，其实可以计划现在做这些她想做的事情。而不是出了公司的门稍微有点时间，就进购物大厦的电梯，单纯地去追求"物质层面的丰富"，而忽略精神层面的深刻内涵，忘记了人生是丰富多彩的。

以她的经验及学历，1.6万元月薪的工作，会应付得绰绰有余，甚至完全没有压力，更重要的是，可以有更多的休闲时间去做自己一直都没有实现的"弹琴"和"跳舞"的爱好！但李女士能做到每月少花些钱吗？无聊的名牌衣服、鞋子能放弃吗？虚荣心能抛开吗？这是需要李女士斟酌再做决定的。

身心健康和追求物质丰富，哪个才意味着人生快乐，的确是要认真比较的。

（3）控制开支

李女士衣柜里有100多件衣服，30多双鞋，品牌包10多个，根本不需要更多的服饰。李女士不停地购物，是心理上不平衡的一种病态。她应该这样控制每月开支：

A. 消灭信用卡。不能再欠债，有多少现金，就只能花多少。信用卡对大部分的人来讲，是个灾害。自制能力不够、意志力不强的人，都深受其害。这些人经常会欠信用卡公司一屁股的债，如果错过了信用卡的还款期，每天要支付万分之五的滞纳金，一年就是18%！尽可能毁掉所有信用卡。但李女士习惯于使用信用卡消费，可以先从只留下一张信用卡开始做起，切记绝对不能过分透支。

B. 储蓄收入的30%。对所有的学生来说，哈佛大学的第一堂课便是教导：当你每月拿到工资回家时，先为自己存收入的30%，并且储蓄只允许超标，不能少。

老百姓的一般习惯是先支付水费、煤气费等日常开销，再购买时尚的手机、奢侈品和花掉一些交际费用等，剩余下来的钱才是放在自己的口袋里——储蓄，为自己将来养老用。

好多人以为工资高代表富有，这是绝对错误的。如果工资高，开销更大，那么还是穷，甚至负债累累。想要未来的生活不受穷，李女士从现在开始，每月必须储蓄2500元，这并不是难事。如坚持20年，将这些储蓄用于投资，每年的回报达到10%以上，可找理财专家协助。

到了60岁退休时，就有100万元（复利计算），这才能达到财务自由。而对朱先生来说，目前还是要坚持储蓄的习惯，还要监督李女士的理财行为，现在开始建立家庭财务自由的基石，还为时不晚。

C. 保险。对于李太太，单位虽已安排了人寿险，又有社保。但是这些对于家庭的主要经济支柱来说，还是不够的，应该立即补充医疗险及重大疾病险。而王先生，虽然收入低于李太太，但是也要适当补充商业保险。因为对孩子来说，父母都是最好的保障和安全的港湾，如果任何一方有任何的风险，家庭的跷跷板就会不平衡了。

家庭保险的保额组合如下：

李太太：重大疾病险需要50万元左右，医疗住院险10万元，人寿保险补充100万元。

朱先生：重大疾病险需要30万元左右，医疗住院险 5 万元，人寿保险补充50万元。

至于保险的缴费有两个原则：一是最好不要超过家庭年收入的20%；二是如果超过年收入20%时，在选择缴费期限（10年还是20年缴清等）和保险种类（消费型和储蓄型）时必须要慎重考虑，可以咨询专业的保险顾问解决这个问题。

提醒：

李女士的爱人工资比她少，但有正确的理财观念，每个月尽可能存点钱。她工资高，可个人从财务意识到消费理念却是一塌糊涂。由于她学历高、职位高，自视清高，不容易听家人劝说， 需要找到一个她信任的经验丰富的理财专家，找到病根，才能找到切实解决问题的办法，也才能帮助"四十不惑"的李女士渡过种种心理及财务上的难关。

给年轻人 10 个重要的人生价值观

1. 正确的消费价值观

现代的年轻人，受到电视、网络的影响，互相攀比，追求物质生活，似乎有着无穷无尽的欲望，生活变成是永远追求更高的物质享受。女孩动辄买几万元的包，甚至几十万的包，就是为了炫富。

其实，人生追求是快乐人生，金钱是买不到快乐的。

金钱买不到健康，
金钱更买不到家庭的和谐。

消费观

放下物质追求，"平安是福""知足常乐"，孩子能懂这道理，已是最好的理财教育。

不买不必要的东西

不追求名牌,不攀比

平安是福,知足常乐

2. 平衡的人生

快乐是不需要太多的钱，是需要用心去追求的。

人生没钱是不行的，这句话是没错，但钱也不是人生的全部。
人生要追求4种富有，要达到一定的平衡。

（A）家庭和谐
（B）健康
（C）快乐
（D）金钱

快乐是不需要太多钱的，是需要用心去追求的。

3. 做个对社会有用的人

做什么职业不重要，只要不做坏人，不干伤天害理的事，不染上恶习。

职位不分高低，都是服务社会，为社会作出一份贡献。

做个对社会有用的人

4. 识别"消费行为"与"投资行为"

识别 消费行为 与 投资行为

消费行为

是为一时之乐，例如看电影、打游戏、旅游等，每个人都需要消费来保持身心的愉快。

投资行为

也是消费，但含更高层次的意识，是为将来做准备，投资在将来，例如购买书籍、参加培训班、用电脑上网去学习，等等。

买车是消费行为，因为日后会贬值。

买楼是投资行为，因为日后会升值。

5. 台湾首富王永庆：钱只有存下来，才是你的钱

就算你收入高，月收入 2 万元以上，但假如你是大手大脚的人，每月消费也是 2 万元，那你也是"月光族"，一点积蓄都没有。

假如你月收入 7 千元，很节俭，只花 4 千元，每月储蓄 3 千元，一年后便有 3.6 万元存款，那你比两万元的"月光族"还富有。

看着你的开支，量入为出，是一种良好习惯。

花钱容易，赚钱难。你消费前请再想想，是不是必须的。假如家里已有 5 双鞋，第 6 双，既便是什么新款，但有必要再买吗?

不要做消费的奴隶，要做钱的主人。将钱留在你口袋，你才是主人，花出去便成了别人的钱。不但要工资高，也必须将储蓄额度提高，存起来以备将来之需。

钱只有存下来 才是你的钱

台湾首富 王永庆：

先存钱，后花费，
量入为出
是一种良好习惯。

6. 每月储蓄工资的 25%

一般"先消费，后储蓄"的人每月都会花费超支，储蓄不多于工资的 25%，钱只会越来越少，最后变成"月光族"，一分钱不留，每月全部花光。

改变习惯，"先储蓄，后消费"是一个非常良好的理财习惯，但愿年轻人能学会并真正实行。

一般人：先消费，后储蓄。

改变习惯：先储蓄，后消费。

先储蓄，后消费是哈佛大学经济学的第一课

7. 冬天去买游泳裤，夏天去买皮大衣

冬天去买游泳裤
夏天去买皮大衣

学会聪明消费，
买大商品时，
选择它们价格
最便宜的时候去买。

商店每年也是会打折的，
冬天去买空调，
价格肯定比你夏天买便宜。
当然生活必需品不能等。

8. 小富靠勤劳，中富靠投资，大富靠眼光与信念

省吃省用的确能达到小康水平，中产阶段。但要达到富有阶段，那必须会投资，投资是有风险的，例如生意、股票、楼房、海外资产、借贷等。投资可能赚也可能亏，亏损风险如何控制，又是一门理财学问。

要成为大富，就要具备个人的眼光，具有前瞻性。例如阿里巴巴在前期建立时，雅虎投资几千万美元，后来投资翻了100倍。这便是前瞻性的眼光。20年前，谁料到马云会是黑马呢？当年，马云只是一位外语教师，有的只是一个构想或幻想。

9. 有三种潜能，致富方程式

三种潜能是：体力、胆量、脑力。

致富方程式是：努力＋胆量＋思考。

努力不足以致富，每个人都具备这三种潜能，一般做老板的，都运用到以上的三种潜能；打工者只用体力，没有胆量的收入，没有脑力的收入，因而其收入便是能维持生活而已。

人有三种潜能,努力不足以致富

致富方程式是:

努力+胆量+思考

10. 保险是必需品，优先买

保险是必需品,优先买

不用犹豫，
没有买错的保险，只有买错的股票

重大疾病险、医疗险、
人寿保险，有能力时，按次序来买。

生不生病不是我们
能做主的。

谁都不想身患恶疾，
医疗费会将你的家庭计划
全盘打碎。

将风险转到保险公司，
是理财的必须手段。

努力不足以致富

这是我的母亲给我的忠告：成功人士，努力是必须的基础，但并不是全部，纯努力并不足以致富。笔者在出版第二本书《学习富有理财之道》时，阅读了很多成功人士的自传，发现他们有些共同点，一般人不具备。

例如：

1. 香港首富李嘉诚年轻时，市场刚流行塑料花，当时最好的工艺在意大利，他二话不说，便飞往当地。那时他英语也不太灵光，用蹩脚的英语，哀求工厂老板给他一份打扫车间的工作，几个月后升为技术工。大半年后，他将这里的工艺全部学会，而后返回香港，将塑料花产品做得更为出色。所以，他在25岁时，便赚到他人生的头几桶金，靠的就是"胆量"。

2. 印度爸爸打破传统，培训女儿做世界级的摔跤手。打破传统，顶着万千人的批评，把女儿培训成世界冠军，最初的动力，也叫"胆量"。

3. 文员开"性用品商店"。她做了5年文员，朝九晚五，工资微薄，由于工作原因，认识了性玩具的生产商。于是她忽发奇想，在家附近一个商场的角落，开了一家"性用品商店"。可辛苦了几个月却没生意，后来通过发传单做宣传，吸引到年轻的女顾客。几年后，她便成功赚取到30岁前的第一桶金。这叫什么？这叫"胆量"。

平凡人做不平凡事 = 致富

平凡人做平凡事 = 平凡

富人有胆量，敢冒风险；

平凡人要安稳，结果安稳一生。

■ 致富方程式：胆量 + 努力 + 思考

■ 好多人都认为自己不富有

先澄清第一个理财观念，你将"富有"与"金钱"混淆了。

假如今天有位神仙下凡，用很多的金钱和你交换健康、爱情、快乐或自由，你会选择和他交换吗？相信大部分人都不会交换的，因为很少有人会拿自

己的健康、爱情、快乐和自由做交易。这样看来，我们所有人其实都很富有，因为富有的定义包括健康、爱情、快乐、自由与金钱。我们可能样样都有，唯独"缺钱"。

追求"钱"与追求"富有"是两码事。纯追求钱，往往下场都不太好，很多人追求钱不择手段，例如，2008年华尔街的贪婪，导致美国金融危机的爆发。

我国的先贤孔子便有关于人生规划的一些经典词句：

在现代社会内，可以翻译为：

40岁：我们已掌握谋生技能，对保险、股市都不感觉迷惑。

50岁：钱已足够，开始追求人生的其他财富。

60岁：反过来开始捐钱，反馈给社会，会高度赞赏有社会责任的行为。

孔子定下人生"富翁"的高标准，不是每个人都做得到。大部分人到四五十岁还是缺钱，该怎么办呢？

■ 财富生产链

每个人的财富都有一条生产链，从收入到储蓄到投资，财富逐渐积累。年轻时先提高个人的谋生技能，多一些收入。将收入的30%储蓄起来，成为第一桶金。再将储蓄的30%用来冒风险，做投资，投资才能致富。

现在很多人，自己割断这条生产链：挣钱之后，存在银行躲避风险，让钱躲在银行里睡觉。财富生产链断了，哪还能富有？

■ 资产适当地分配

将收入的10%放在银行，应付日常之需；60%放在房产，作长远升值；30%放在股市，求得年回报10%的保值。

■ 思想改变财富

思想可以改变一个人的命运，世界上很多富有的人都是靠自己的一双手去创造财富，他们对金钱有特别的理解。在这个新时代中，想要成功创造财富，除了需要"Work Hard"之外，更加需要"Work Smart"。

■ 致富法则

1. 你的收入，只能增加到你最愿意做到的程度。

2. 设定产生想法，想法产生感觉，感觉产生行动，行动产生结果。

3. 如果你的动力来源并不是正面的作用，例如你是出于恐惧、愤怒而想致富，或者只是为了证明自己而想成功，那么你的钱永远不会带给你快乐。

4. 如果想彻底改变室内温度，唯一的办法是重新设定温度调节器。同样，想彻底改变你的理财成绩，唯一的办法是重新设定你的财务温度调节器，也就是你的金钱蓝图。

5. 你可以选择那些会鼓励你获得幸福和成就的思考方式，而舍弃那些不能支持你获得幸福的思考方式。

6. 如果你的目标是过得舒服就好，你就很可能永远也不会有钱。但是如果你的目标是赚大钱，那么你最后很有可能会舒服得不得了。

7. 如果你不是全心全意、真心真意地想创造财富，那么你很可能创造不出多大的财富。

8. 你的收入与市场认为的你所产出的价值成正比。

9. 领导者赚的钱远远多于跟随者！

10. 成功的秘诀，就是不要逃避问题，不要在问题面前退缩；成功的秘诀就在于你要成长，让自己大于一切的问题。

11. 拥有稳定的收入没什么不对，除非它阻碍了你用自己的能力赚取你所值得的金钱——问题是，稳定的薪水，这概念往往就会阻碍你赚更多钱。

12. 永远不要为你的收入设定上限。

13. 有钱人相信："鱼与熊掌可以兼得。"小康阶层认为："熊掌太贵了，所以我只吃一小片就好。"穷人说自己吃不起熊掌，所以他们吃鸡肉，但又惦记着自己吃不起熊掌的事，满心疑惑为什么自己"什么都没有"。

14. 真正衡量财富的标准是净值，不是工作收入。决定净值的四项因素是：收入、存款、投资、财富。

15. 除非你能管理你现有的一切，否则你不会再得到更多！

16. 你管理金钱的习惯，比你拥有的钱财数目要重要。

17. 有钱人把每一块钱都视为种子，把它种下之后可以多赚一百块钱，再把这些赚到的钱种下，又多收回一千块钱。

18. 如果你只愿意做轻松的事，人生就会困难重重。但如果你愿意做困难的事，那么人生就会变得轻松。

19. 你只在一个状况下是真正在成长的，那就是你觉得不舒服的时候。

20. 想要得到最好的薪水，你必须是最好的。

■ 结论

中国有句老话，你的人生求仁得仁，求安稳得安稳，过老百姓生活；求财富得财富，人生冒点风险。

亚马逊创办人贝佐斯：
激情与信念成就你的未来

2013年8月5日，亚马逊创办人贝佐斯（Jeff Bezos）以2.5亿美元买下《华盛顿邮报》的消息，震撼了全世界。这位身价超过250亿美元的网购业富豪，以不到1%的财富，入主拥有135年历史的美国老牌大报，从科技巨头变身媒体大亨。他会如何利用破坏性创新，改造连年亏损的报业，引发了无限想象。

有人认为，他可能会把《华盛顿邮报》化整为零，让读者用他们想要的形式，读到想看的内容。更有人猜测，他会拿出亚马逊最擅长的数据分析，为读者"订制"个人化新闻。大家都在看，他能否为传统媒体的复兴描绘出新的蓝图。

《纽约时报》形容：49岁的贝佐斯，是个目光长远的思考者，"他是那种愿意顶住华尔街对高利润的要求，对公司的未来成长进行投资的人"。砸钱买下《华盛顿邮报》，是投资，更是一种选择，而选择往往很困难。

2010年，在母校普林斯顿大学的毕业典礼上，贝佐斯勉励年轻人，善用自己的天赋，做出对的选择。因为："人生到头来，我们的选择，决定了我们是什么样的人。"下面是他回忆的部分内容。

■ 抽一口烟，短命两分钟

小时候，我常常到外公外婆的德州牧场过暑假，帮忙修理风车、替牛打疫苗、做些杂活。每天下午，我们还会一起看连续剧。外公和外婆，是我挚爱、崇拜的人。他们都是露营拖车俱乐部的会员，这是一群 Airstream 露营车车主组成的车队，定期结伴在美国、加拿大旅游。我们每隔几年参加一次，直接把露营车挂在外公的车子后面，就上路了。三百辆拖车排成一队，非常壮观。其中的一次，在我十岁左右吧。一路上，我都在车子的后座随意打滚。外公在开车，外婆坐在他旁边，不停地抽着烟。而我很讨厌香烟的味道。那个年纪的我，一有机会就喜欢算来算去，做些简单的加减乘除练习。例如，估算汽油的行驶里程数，或计算买东西花了多少钱。

当年，有个警告抽烟的广告，我已经忘了细节，只记得大意是说，你只要抽一口烟，就会减少几分钟的寿命，好像是两分钟吧。那天，我决定帮外婆算算看她每天抽多少根烟、每根烟要抽几口，等等。

最后，我很满意地算出了一个差不多的数字，把头伸到车子前座，拍了拍外婆的肩膀，得意地宣布："如果抽一口烟会短命两分钟，你已经使自己的寿命减少了整整九年！"到今天，我都清楚地记得，当年说完这句话，接下来发生的完全出乎我意料的事。我原本以为，自己的聪明会受到赞赏："杰夫，你好聪明喔，竟然会做这么复杂的计算，算出了一年总共有多少分钟，还会用除法来除……"但我的期待并没有发生。结果是，外婆一听，马上哭了出来。我呆坐在后座，看着外婆哭泣，不晓得怎么办。这时，原本一直安静地开车的外公，把车子开到公路旁边。他下了车，走到另一头开车门，等我出来。

我惹上麻烦了吗？外公是个非常有智慧却不多话的人。他从来没骂过我，但这次，他会不会开口责备我？会不会叫我回到车上，去跟外婆说对不起？我跟他们之间，从来没遇过这种情况，无法判断可能的后果。

就这样，我们站在露营拖车旁，外公看着我，一阵静默后，他温和地、平心静气地说："杰夫，总有一天，你会了解，做一个善良的人，要比做一个聪明的人，更加困难。"

■ 善良比聪明更难做到

今天我要告诉你们的，就是"天赋"和"选择"之间的差别。聪明是一种天赋，而善良是一种选择（Cleverness is a gift, kindness is a choice.）。天赋得来容易，但选择往往很困难。你们如果不够谨慎，就可能被自己的天赋所误导，一旦被误导，就可能危害到你所选择的价值观。

你们是一群拥有许多天赋、能力的人。未来，你们的聪明才智必然会派上用场，因为你们即将迈向一个充满惊奇的世界。将来，我们会发明出大量制造干净能源的方法；我们会组装出超级迷你的机器，用来穿透细胞，进行修复。就在这个月，科学界传出了了不起的突破：我们创造出了第一个人工合成生命。我也相信，人类终会完全解开脑部的秘密。

凡尔纳（Jules Verne，法国冒险小说家）、马克·吐温、伽利略、牛顿……这些勇于探索和开创的历史人物，一定都渴望，重新诞生在这个人类天赋越来越多的时代。然而，你们将如何运用自己的天赋才智？有朝一日，你们将以什么为豪，你的才智，还是你的选择?

16年前，我想出了创办亚马逊的主意。那时，我看到网络的使用量，每年成长2300%，从来没看过任何趋势可以成长得这么快。既然这样，何不成立一家拥有几百万种书籍、在实体世界根本不可能存在的线上书店? 这念头深深吸引了我。当年，我刚满30岁，结婚才一年。我跟太太麦肯西说想辞掉工作，去搞这个很可能会失败的疯狂创业计划。但万一真的失败，以后要做什么，我还没想好。麦肯西也是普林斯顿毕业的，今天就坐在台下第二排，她给我的回答是，放手去做吧。

从小，我就是个业余发明家，发明过一种用废轮胎做成的自动关门器；一种用雨伞和锡箔拼凑、但是很难用的太阳能锅子；还有一种用来糊弄弟弟妹妹的烤盘警报器。我一直想要当个发明家，麦肯西也鼓励我，追随自己的理想。当时，我在纽约一家金融公司上班，与一群非常聪明的人共事，还有个非常厉害、让我非常佩服的老板。

当我去跟他说，想要自行创业，成立一家专门在网络卖书的公司时，他把我带到中央公园散步，仔细地听我说明，最后告诉我："听起来是很好的想法，但是，它会更适合一个还没有找到好工作的人去尝试。"他劝说我，多考虑两天再做决定。

■ 人生意义，就在于你的选择

对我来说，这真是个困难的选择，最终，我决定放手一搏。因为，万一试了以后失败，我并不会后悔；但如果不去试试看，我可能永远都会耿耿于怀。考虑了很久，我最后选择了一条比较不安全的路，去追随我的热情。今天，对于这个选择，我感到非常自豪。

明天，由你们自己主宰的人生，即将开始。你会如何善用自己的天赋？做出哪些选择？你会放任自己怠惰，还是追随热情？你会服从教条，还是坚持创新？你会选择安逸人生，还是服务与开创的人生？你会在批评之下屈服，还是坚持信念？你会在犯错的时候蒙混唬骗，还是认错道歉？你会在遇到逆境时放弃，还是坚毅不屈？你会是个嘲讽者，还是个建造者？你会用伤害他人的方法展现聪明，还是宁愿选择善良？

我要斗胆做个预测。当你们活到80岁，在某个安静的沉思时刻，回到内心深处，想起自己的人生故事时，最有意义的部分，将会是你所做过的那些选择。人生到头来，我们的选择，决定了我们是什么样的人（We are our choices.）。

替你们自己写一篇精彩的人生故事吧。

■ 首席顾问评语

信念的力量：你行，你行，你必定行！

■ 我们对人生抱什么样的信念

他是一个冷酷无情的人，嗜酒如命且毒瘾很深，有好几次差点把命都给送了，就因为在酒吧里看不顺眼一位服务员而犯下杀人罪，目前被判终身监禁。他有两个儿子，年龄相差一岁，其中一个跟他老爸一样有很重的毒瘾，靠偷窃和勒索为生，后来也因犯了杀人罪而坐监。

另外一个儿子可不一样了，他担任一家大企业的分公司经理，有美满的婚姻，养了三个可爱的孩子，既不喝酒更未吸毒。为什么同出于一个父亲，在完全相同的环境下长大，两个人却会有不同的命运？在一次个别的私下访问中，有人问起造成他们现况的原因。

跟老爸一样倒霉的儿子回答："有这样的老子，我还能有什么办法？"完全跟老爸命运不一样的儿子回答："我不想与我老爸一样。"凭着这个信念，改变了他自己的一生。

■ 结论

人生到底是喜剧收场还是悲剧落幕，是丰富多彩的还是无声无息的，就全在于这个人抱着怎样的信念。

02

世界上有没有

好男人

国际网上、电话爱情诈骗案

马来西亚55岁的王太太感觉自己很幸福，国外的男朋友理查德对她很着迷。他们已经在网上认识半年了，由于相隔8000公里，还没有机会见面，但照片上年轻英俊的他，每隔一天便会打来电话，两人无所不谈。他的热情、温柔让王太太好像又回到了18岁，被人热烈追求的感觉，实在太美妙。王太太享受每分钟的谈话，晚上一个钟头的聊天，是当天最美好的光阴。

■ 王太太的第二春

理查德说自己是英国人，是著名的外科医师。他充满爱心，为做慈善，跑到南非做义工。他告诉王太太他在伦敦有很大的房子，有最名贵的轿车，银行有大笔存款，全部有照片为证；他的诊所挤满病人，收入相当丰厚，一年超过百万英镑；他非常喜欢亚洲人，自己也早已离婚，会给王太太最美好的生活。

但理查德这几个月真是倒霉透了，总是碰到一个又一个的麻烦。三个月前，他收集了一些南非古董，想运回英国，被南非海关扣押，说要付15%的关税。他在南非没钱，只能向王太太，他现在最亲密的人，借一笔钱来解决这个燃眉之急，数目10万令吉（约合16万元人民币）。王太太的丈夫是生意人，每年发花红时，总给王太太一笔钱，王太太约有积蓄100万令吉。

王太太想，理查德是电话里头最亲密的朋友，10万令吉不是啥大数目，她二话不说，便按照南非银行的账户信息给理查德转账。

■ 男朋友，不断倒霉

两个月前，理查德出了车祸，撞死了一个黑人小孩，对方家长天天到医院来闹。警察局的人说，要给对方赔偿一笔钱了结事情，否则理查德要坐牢。赔偿金不少，要30万令吉。理查德在南非没钱，但他承诺，一回到英国后，便双倍还给王太太。王太太觉得，彼此已经是爱人，这半年，几乎每日深夜两人都在浪漫细语，虽然没见过一面，但理查德说，为期12个月的合同还有半年便结束，到时会接王太太去英国生活。理查德有钱，英俊，电话里尽显细心，有高尚职业，是人中之龙，远远超过现任老公，有美好前途。王太太银行里还有90万令吉存款，便答应再汇30万令吉给理查德。

一个月前，理查德为了对王太太的信任和慷慨表示感谢，寄来一个包裹，说是他的家族宝。里面有昂贵的珠宝、首饰和3万元美金，但接到马来西亚的海关电话，因为太贵重，价值100万令吉，要缴税20%（20万令吉），才能提出。

王太太心里想，价值100万令吉扣掉税金，还有80万令吉，所以便马上汇款给海关，预备提货。谁知道第二天，海关另一位官员来电，说昨天要求汇款的人，已携款不知去向，要再补20万令吉才能提走。王太太六神无主，打电话问理查德，理查德说再给，王太太便又汇了20万令吉给海关，也没过问，为何汇款到离岸户口。

几天过后，没有人再联系，王太太打了海关电话查询，海关答复：没有这个记录。王太太一下便懵了，总共汇了40万令吉，去了哪里？王太太看看自己的银行账户，三个月前还有100万令吉，第一次借理查德10万令吉，第二次30万令吉，海关40万令吉，她账户只剩下20万令吉了。理查德的电话也打不通。她有点慌，只好硬着头皮，向老公坦白。老公吓一跳，说："你的积蓄去了哪里了？"王太太只能全盘说出，老公是生意人，一听便明白她受骗了，赶快叫太太写下整个过程，去报警。

■ 警察局的答复

在警察局得到答复，这个案件可以立案，但几乎没法追回款项。王太太没有对方真实名字和真实地址，只有几张可能不是理查德的照片，英国也没这位医生，都是骗子自己瞎编出来的故事。这是最近流行的网上爱情诈骗案，每周都有报案人，都是中年有钱的女人被骗。没借条，心甘情愿汇款，就算找到人，也没法判其有罪。

最近这种骗案，不只是在马来西亚发生，新加坡、香港更严重，据警方的统计，有超过三万妇女被骗，最大的一笔是超过22次汇款，损失达300万令吉。

最可悲的是，这些妇女，大都认为是海关吞掉她们的礼物而心感不忿。

■ 后来的发展

平静地过了半年，王太太心里又感到寂寞，先生仍旧一如既往地忙碌和应酬，甚至有时也不回家睡觉，真不知道他外面是不是有女人。读大学的女儿有她自己的朋友圈，很少跟王太太一起。王太太一个人在家，虽然家中有佣人，但感觉很寂寞，没什么朋友，更没有闺蜜，有了心事都不知跟谁倾诉。

■ 半年后

王太太心中还是放不下寻找真爱的愿望，于是又上网。王太太虽然已经55岁，但网友都说她很年轻，只有40岁的样子。

半年后，她又认识一个40岁的英俊上尉吉米，正进行一个秘密行动，在监视一位军火商，看看他是否卖军火给恐怖分子。监视对方时，空闲时间也多，所以可以通过电话聊天。

吉米也很喜欢亚洲女性。吉米说，秘密任务9个月便结束。秘密任务的报酬是普通军人的3倍，一年能赚30万美金，相当于一年100万令吉，生活过得很优越。吉米说会接她去美国，跟她一起过美好生活。

王太太早就想离开现在这个家了，此时她认为自己找到了更好的归宿，心里高兴得很。

■ 网上男情人，虽然说有钱，但都倒霉

与吉米每天晚上甜言蜜语，王太太心如小鹿，好像又回到少女时代，浓浓情意，每天都在渴望接到他的电话或短信，短短两个月，已互称老公老婆，关系好得不得了。

刚进入第三个月，吉米突然传来一个坏消息：军队要调他到更危险的位置，原本6个月的任务，延长一年。他很不愿意，希望用钱买通上司，调其他人过去。吉米说10万元美金能搞定，他说他有这个资金，但由他直接汇过去会暴露他的身份，能否请王太太帮忙汇过去，这样别人查不到。

王太太心想，过几个月便能与吉米双宿双栖，心里很高兴，但经过上次受骗，手头上已经没有太多的钱。吉米教她将楼房做按揭，借100万令吉出来使用。王太太觉得可行，便去找财务公司安排。她也没让吉米写什么欠条，反正都是自己人。虽然至今，人没见过，只见过一些穿军装的照片及证件，但心里总觉得他是好人，很关心她。

这事告一段落后，又过了一个月，吉米还有两个月便完成任务，回到美国便会接王太太过去，王太太心里暗自高兴。吉米又说在美国看到一个海边住宅，很漂亮，可以做他们俩的新居，要300万美元。他可以出100万美元，但还要付50万美元首期，建议王太太不如卖掉马来西亚的房子，估计可以卖到200万令吉，约为70万美元，还掉以前借下的10万美元，剩下60万美元刚刚好。王太太觉得有道理，便二话不说开始卖房子，在四个月内筹到60万美元，全数汇给她未来的老公吉米。

▇ 两次受骗的最后结果

结果最后，便是失去吉米的联系，报警也是没办法——自愿汇款，对方身份却是假的，电话追踪后是从中东某一个小国打出来，美军方面也没有此人的记录。而王太太的先生也因她的不知悔改与其离婚。

事过一年，听说王太太独居一个小房间，精神出了点问题，经常喃喃自语。前夫与孩子都算有情有义，总去看望她，但她的心，还在远处的虚幻世界，等着她的吉米接她去美国！

▇ 首席顾问评语

王太太是我见过最可怜的个案，她不但将她与丈夫的经济保障，也就是留下的房产给人骗光，还欠下财务公司一大笔债。连国外的男情人一面都没见过，只是每周三四个电话的缠绵，便真心爱上一个编出来的未来老公。对方把自己编成是著名的外科医生，有豪车、别墅，这都是国际骗徒精心策划的陷阱。幸福的王太太十分无知，看了太多爱情故事电影，认为世间的一切都如电影中的一样浪漫，毫无防备心理，不知不觉掉进对方设计的陷阱。

她连续两次都是在网上认识的国外人士并只通电话，她对讲英语的男士有着无尽的幻想，总觉得比中国人强。虽然其实她也是一位名校毕业的大学生，但父母及前夫将其呵护的太好，对外面世界中的险恶一面没有任何防犯意识，心智还是停留在年轻时代。白马王子的电影看太多，还很相信神话故事，还在谈一个远距离、没见过一面的电话爱情，以致上当受骗。

家人的劝告不听，警察的警告不听，朋友的劝告不听，孩子的劝告不听，到头来，自己的荒唐，后果自负。悲剧是由自己造成的。女人出于对感情的追求，理智全失，是我听到最怪诞的真实故事。

　　我在网上搜资料时发现，外国有几个大诈骗集团，规模颇大，诈骗金额也相当巨大。他们专门设计网上电话爱情骗局，全都是用英语交谈，专门盯着大龄剩女等高学历、高职位、高收入的女士。从不见面，头两个月，只谈爱情，远途送花，送小礼物，自编拥有高学历、高等职业、豪华别墅与豪车等，假证书加假照片全套工具齐全。最重要的，他们的电话都来自一些与被骗者的国家没有邦交的国家，因此就算被骗女士去报警，警察也爱莫能助，因为要动用外交手段，请求对方国家的警察去查案。而在落后国家，那里的警察会帮忙去查一些不属于他们公民的案件吗？在东南亚等大部分国家和地区全都是重灾区，年年报案数都创新纪录。谁让世界上有那么多傻女人，喜欢把钱花在甜言蜜语的电话上。这与孩子花钱在电玩游戏上没差异，只是大龄女士的产业，远远大过孩子的零花钱。

有四段感情经历的她真情告白

■ 怎见浮生不若梦

是夜，Cessie 伏在她宽大的工作台前写写画画。手机放得很远，故而它猛然响起的时候，声音破空而来。Cessie 吓了一跳，她放下笔，看到屏幕闪烁着Jason的名字，突然开始心烦意乱。手机很快安静下来，接着收到一条信息：生日快乐！

那一瞬间Cessie 特别想回复他：你没空去离婚，倒有空祝我生日快乐？开始打字的时候Cessie 稍微愣了一下，30多岁的人了，怎么还像个小姑娘似的。Jason祝她生日快乐，想必还按照一贯的体贴准备了她十分喜欢的礼物。Cessie 觉得自己应该回个电话，仅仅出于礼貌。其实在内心深处，她不想要Jason 的礼物，她想要他的人。偏偏Jason给不了，至少，没办法用她想要的方式，比如Jason总是"没空"去离婚。Jason不离婚，她就是小三。可是Jason离婚之后呢？她不是"小三"了，变成了"上位的小三"。Cessie 觉得自己真是失败。可是，谁真的愿意做小三呢？

■ 回想20年的青春生涯，4段感情经历

Cessie 上学的时候很漂亮，虽然在大街上没那么夸张的回头率，但会在课堂上吸引大部分男生的目光，像邻家女孩的那种感觉，清纯的漂亮。在这些

目光当中，Cessie 理所当然地注意到了A君。

A君高大帅气。每一次，在Cessie 累了、饿了、有小情绪的时候，A君总会恰到好处地出现。很久以后，Cessie 在一团糟的生活和感情中不经意地想，如果自己也曾有少女心的话，应该就是那时候沦陷给A君了。她毫不怀疑，他们就是彼此的未来和希望。当她发现自己怀孕的时候，她有点害怕，自己才20岁，还没准备好——可是转瞬就被狂喜占据，这是她和A君的孩子，全新的生活正在向他们招手。

她在活动室里找到了A君，大眼睛忽闪忽闪地说："我有可能怀孕了。"两分害怕，七分期待，还有一分想入非非，幼稚得都不屑让人戳破。A君眼睛里有一闪而逝的慌乱，随后慢慢变成安静和漠然。她的心凉了一下，"我们结婚吧"几个字哽在喉咙里。

后来A君还是向她求婚了。她隔着华贵的衣料摸上凸起的小腹，A君一身盛装，风风火火地拉住她的手，带她回家。真帅啊！像从天而降的王子，可惜她看人的眼光一向不准，无论从前还是以后。

貌似浓情蜜意的新婚过后，A君上学、毕业、工作，按部就班。工作时一板一眼，下班后柴米油盐，没什么问题，但就是好像哪里不对。那个曾经才思敏捷、光彩夺目的A君，好像忽然间就消失了。褪去激情的婚姻生活里，他慢慢显露出了本性：一个不思进取也没有责任心的孩子，即使他马上就要成为别人的父亲。她每每在夜里被孩子的啼哭声吵醒，丈夫却在身旁睡得无动于衷。于是她起身，迷迷糊糊地去给孩子喂奶，看着孩子吃得那么用力，她觉得对不起自己的孩子，让他来到这世上活得这么艰辛。

她的奶水不好，婆婆搜罗来千奇百怪的各式秘方，她忍着恶心喝下那些味道刺鼻的汤汤水水，苦味儿返上来，她抱着马桶吐得一塌糊涂，泪水模糊了视线。没等到孩子满月，Cessie 就没脸再躺在床上。她的日常生活变成黎明起身去菜场挑拣新鲜的猪骨，中午打理怎么也做不完的家务，傍晚走遍附近的超市寻找打折的奶粉和纸尿裤。孩子的开销那么大，丈夫的薪水那么微薄，十指不沾阳春水的她学会精打细算，一分钱掰成两半来花，每一分钟都过得十分拮据。

因为没空，她失去了所有的兴趣爱好；因为没钱，她和以前的社交圈慢慢断了联系。她觉得A君看她的眼神越来越没有温度。是啊，上学的时候她那么光彩照人，现在青春似乎被日复一日的琐事、丈夫的冷漠疏离和婆婆的恶语相向消磨殆尽。才21岁，她在自己脸上看到了深褐色的黑眼圈和突兀的皱纹，头发大把地脱落，白色的头皮从一条线变成一大片。孩子三个月大时生了一场病，她抱上孩子就回娘家，让妈妈多照顾着，奶奶家不管用。

如果当年不认识她，如果当年没对她那么草率，如果当年做好防护措施……年少轻狂的激情退却，家庭变成囚笼，A君满心的不甘不愿又无可奈何，只好得过且过。几年过去，从少年到青年，A君在公司里浑浑噩噩、碌碌无为，在夜场里衣冠楚楚、眼波流转，回到家勇猛暴虐、拳打脚踢。

她也变了，从开始看到丈夫的不争气会心碎，到后来自己也变得漠然。从一腔热血不谙世事的少女，到面黄肌瘦、心如死灰的少妇。她只有25岁。不变的是，他们从来家徒四壁，一贫如洗。整整五年，流水一般的岁月，A君变本加厉地平庸和堕落，她的青春和无邪一去不返。

两败俱伤。于是Cessie决定，和A君分开，各自寻找新的生活。没想到A君竟然不愿意，他讲着冠冕堂皇的话，诸如我不能这样辜负你云云。可Cessie却在他的眼睛里看到刻骨的恶毒：你和孩子拖累我至此，想一走了之？做梦！你这辈子，都得跟我耗着！深仇大恨，来自曾经深爱的人。

A君纠缠不休，Cessie身心俱疲。其实离开A君的日子对她来说更加艰难，20岁结婚生子，没有学历，没有职业经历，更没有钱。去闯荡，是火海；可是和A君继续走下去，是地狱。拼搏过的尸骨无存，和认命式的万劫不复，二选一，没什么可犹豫的。

人总要有死而复生的勇气，才会有柳暗花明的惊喜。她几乎是身无分文逃开A君的纠缠，A君不会给她一分钱，甚至也穷到给不了她一分钱。她认真地哭过几场，靠着父母微薄的积蓄，辗转申请到国外的药剂师课程。

和A君永别，下一站新加坡。

■ 多情自古空余恨，第二段感情

新加坡是个好地方。东方不夜城，灯红酒绿，纸醉金迷。不过Cessie并没有心思欣赏。背井离乡的生活让她明白，她没有想象中潇洒，也没有想象中幸运。她把自己变成了一块海绵，用力学习，用心实践。在某个社交舞会，她正心无旁骛地练习着刚刚学到的新加坡人打招呼的方式，忽然有人请她跳一支舞。就这样，B君闯入了她的生活。方式有些惊人地直白。他说，我觉得你很有韵味，属于已婚女人的那种。

B君慢悠悠地讲了他的过往，他有一段刚刚结束的婚姻，两个可爱的孩子，小有成就的事业。现在他到学校里来充充电，顺便争取再洗涤一下灵魂。多么相似的经历，同是天涯沦落人，此时此刻，没有人比他们两个更能理解彼此了。

交往一年，在那个传说中求婚圣地的广场，Cessie等着B君说出"嫁给我吧"。又担心，B君真的求婚了，她该怎么反应？是少女怀春的羞涩，还是大大方方地答应？结果，B君什么也没说，灯下一吻，而后，他们各自归家。也许，是太早了，他们还不够了解彼此，他们还无法对过往太豁达。交往两年，B君送她戒指和鲜花，安顿好一切带她住进自己的家。缱绻过后，B君温柔的手抚上她的发，沙哑着声音，说是真的爱她。

她到B君的办公室等他下班，自告奋勇地开车，"一不留神"地走错路，然后"路过"一家新开的婚纱店。接待小姐看到她手上闪光的钻戒，眉开眼笑称赞他们天作之合，又推荐昂贵的婚纱。她看得倾慕，那白衣胜雪、美得像一个神话。B君揽过她的肩膀，说那去试试吧。蕾丝勾勒出精致的肩线，鱼尾摇曳起顾盼的优雅。走出试衣间时她看到B君一瞬间的惊愕，她几乎流泪，千辛万苦走到这一步，幸福已在手边。B君很爽快地刷了卡。回去的路上，B君目视前方，一言不发。她试着谈起结婚典礼，谈起蜜月旅行，B君有一搭没一搭地回应，还是再等等吧。

"可是你都已经给我买了婚纱了呀……" "因为你喜欢啊。"她其实知道，B君忘不了他的前妻。他们刚刚交往的时候，B君甚至在激情时喊过前妻的名字。当时她愤怒得几乎把B君踢下床。而B君回过神来，拉着她的手按在胸口，情真意切地说她只是伤我太深，我爱的是你。

也许B君和他的前妻深深爱过，但是她早已离开，而现在与他朝夕相伴的，是自己。Cessie 相信，时间会帮她夺回B君的心。B君温柔、善良又富有，爱她，也值得她所爱。Cessie 不愿错过他，也相信自己一定能战胜那个已成过往的女人。交往三年，她作为B君的女伴，陪他出席了大大小小的聚会。朋友孩子的满月酒，每每她起身去寒暄，他坐在席间看着朋友一家共享天伦，视线划过Cessie到不知名的远处，眼底尽是伤痛。

他想起了前妻，又一次。Cessie 回来，温柔地对B君笑，说你看他们的孩子多可爱，他们一家多幸福。B君的喉头上下滚动，Cessie 知道他想说什么，却心如死灰地发现他第N次说不出来。

三年了，Cessie 暗示了无数次，鼓动了无数次，甚至威胁了无数次，B君退缩了无数次，逃避了无数次，甚至消失了无数次。没有尽头的期盼和等待终于让Cessie放弃了最后一丝希望。她想，B君的前妻真是厉害，翩然离去却还牢牢占据着他的心；B君真是厉害，如此痴情不改，可惜一分也不属于自己。

Cessie已经快30岁了，即使在新加坡这样开放的地方，30岁也是个节点，她的青春已经所剩无几。B君爱她但永远忘不了他的前妻，B君的孩子们叫着她阿姨但永远等着妈妈回来。Cessie 忽然发现自己像个恶毒的反派，破坏了B君的深情款款，而这三年来，自己全心全意的爱和奉献，失去的青春和骄傲，根本是一个小丑的罪有应得的笑话。

没人知道她的苦，她的真心和付出，她的委屈和惨败。Cessie 选择了离开。B君来送机，她还有最后一丝期盼，哪怕B君在这时开口求婚，她也会尽弃前嫌、不顾一切地撕了登机牌扑到他怀里。可是他的眼里隐隐含着泪，却还是沉默，像他们无数次的曾经。Cessie 落泪，把戒指摘下来还给他。她想，大约在他心中，自己是有个位置的；可是他前妻的位置，却是不可替代的。

■ 美人何处醉黄花，第三段感情

马来西亚的风雨，还是那样有点喧嚣的感觉。她轻装简从地回到故土，回到父母身边。看着狭小的客厅，吱吱作响的斑驳的木桌和上面灰扑扑的玻璃杯，一时竟讷讷无言了。父母为了支持她求学和生活，过得这样孤苦。而今自己背着一身伤痛灰溜溜地回来，打开行李箱，除了B君买给她的几件衣服和化妆品，竟然别无他物。Cessie惊慌失措地发现，自诩已在大千世界历尽风云的自己，竟然和多年前离婚的时候一样，身无长物，一文不名。

父亲浑浊的目光不可置信地看着她，你不是说B君挺有钱吗？是啊，挺有钱。但是自己好像一直不怎么关心。父亲语重心长地说："女儿啊！青春就那么几年，不把钱攒在手里，晚年可没有一丁点保障呀！"

这一年她35岁。又是灯光迷离的酒会，她认识了新加坡老板David。他长得帅，衣着品味是新加坡人独有的。送她回家时，他开着名贵跑车，经济应该没问题。

Cessie和他发展顺畅。David倒是不曾亏待她，每季度到处带她去旅行，住最贵的套房，坐商务客位，真是住得好、吃得好，还有每月慷慨的家用。三年快乐的光阴，过得真快，但他每季度只有一半时间在马来，另一半时间在新加坡。他不在时，真是有点寂寞，其他男人的追求也应酬应酬，骑驴找马呗。

David虽然离婚了，与前妻还是有点藕断丝连，真搞不明白男人的感情。有时候，她半开玩笑地问，我们是否有未来？ David装傻，没回答。她的心里真是冷透了。David在马来西亚和新加坡都有事业，基本上一半时间都不在家。Cessie有点想象不到，他们像夫妻般的相依为命，但又是有点异地恋，这种生活能继续吗？

■ 只愿君心似我心，第四段感情

年华老去，就是一瞬间的事。年轻时无知无畏地打拼，积重难返，忽然就拔山倒树，所向披靡，迫不及待地要向被透支过的身体讨还。到Cessie 这儿就是，她忽然病了，意料之外的严重。

David在新加坡，项目走到生死攸关的阶段，而Cessie经过手术性命无忧。商人不愿意平白无故承受一场伤筋动骨的损失，所以David匆匆看过Cessie，又匆匆飞了回去。陪在病床前衣不解带的，是一个马来西亚老板Jason。 Cessie 恢复意识的时候，看着明显憔悴了很多的Jason，说不感动是骗人的。她曾经拒绝过Jason，最直接的原因是Jason还有妻室，虽然他们已经分居很久很久，但法律上，Jason有他名正言顺的妻子。

Cessie眨了眨眼睛，Jason迅速打开一直放在床头的矿泉水，长长的注射器伸进瓶口，取好水后拔掉针头，注射口悬在Cessie的唇上，缓慢又平稳的轻推着它，像演练过无数次。

Cessie 感受着一滴一滴的水润过喉咙，几乎眼睛也要湿了。十几年来，从来没有人这么无微不至地照顾过她。即使是热恋中的A君也是毛手毛脚，B

君与她惺惺相惜，David爱她爱得居高临下。而Jason，竟是把她当个弱不禁风的小女孩，捧在手心里来疼。

David不知身在何处，那么远。Jason坐在她床前，看着她，这么近。

这个男人如此温柔，Cessie几乎要忘掉David的优雅和富有，向Jason缴械投降。可是Jason有妻子，摇摆不定很不像话。Cessie 躺在病床上，事业停摆，她没有积蓄、没有保障、甚至没有自理能力。生活，原本就是这么不堪一击。Cessie问Jason会不会离婚。Jason说，比较忙，手续来不及办。Cessie默然。他恨不得1天花24个小时待在她身边，却没空做这件这么简单，却让两个人可以心无芥蒂的事。Cessie其实明白，Jason太温柔，又常常觉得亏欠了他的妻子。他的妻子不愿意离婚，Jason永远不会逼她。

■ 犹是春闺梦里人，做别人的小三

Cessie病愈，生活回到正轨，是与已离婚的David 发展还是去做Jason的小三，那么她的第四次感情便是从做小三开始。

可是Jason只是个温饱而已的小老板，他已届中年，事业不温不火，家底仅仅差强人意。万一马失前蹄，一次投资失败？万一时移世易，败给后起之秀？万一飞来横祸，动辄倾家荡产？Cessie 简直不敢想下去，中年且中产，这样的家庭看似稳定实则无比脆弱，一次意外就足够一生站不起来。贫穷如跗骨之蛆，淡淡望去便已是脊背发凉。更何况，还有无比残忍的一点：Jason不愿离婚。那么Cessie 就是第三者，永远都是。即使他们相依为命，携手白头，生虽同衾，死难同穴，到死都名不正言不顺。

David则是个不折不扣的大男人。他永远做不到Jason那样的无微不至和相伴温存，但他几乎已认定 Cessie 是自己的妻子，苦苦追求，愿意许她后半生荣华富贵，衣食无忧。历经贫贱夫妻百事哀，遍尝人间酸甜苦辣咸，已经步入中年的Cessie，不会自欺欺人地立一座爱人不爱钱的牌坊。

但是David有他永无休止的事业。他要在新加坡和马来西亚两地奔波，一年只有半年在她身边，还要被工作占据大半。他倾其所有，只能给她半生的半生。陪伴，也许他的钱可以，人却不能奢望。

她真的想过日子，又想安安稳稳的。嫁给人还是嫁给钱? 做妻子还是做小三? 两个那么简单的命题，缠在一起，竟然就无解了。Cessie 知道自己有些贪心，哪有十全十美的人? 可是理性与感情苦苦纠缠，哪个都割舍不下，割舍不了。

▓ 首席顾问评语

女人的青春，就在20岁至40岁这段最美好的日子，现实生活是残酷的。在电影里，最难听的比喻女人的40岁便是"过期的酸奶"。

青春换资产，抱抱换包包。说来不文雅，但是永恒不变的规律并没有太大的改变。小三没有法律保障，男人过世后，资产全归妻子，小三很难追讨。小三变成一无所有，这种例子，重复在社会上发生。

女孩子父亲的忠告是有道理的:

1. 要么找个没结婚又有钱的，名媒正娶，他的婚后资产你有一半，法律上有保障。

2. 要么在做小三时，讨些资产，以后足够你活一辈子。

小三的感情，是有代价的。社会是现实的，谈心是只适合20岁女孩的奢侈。30岁过后，必须现实起来，找个正经人家，嫁出去。

女人感情至上，Cessie是典范。被所谓的爱情蒙蔽时，家人如父母亲的劝告，起不到作用。她凭感觉去处理，明显不是理智型的人，从不考虑未来，只活在现在，感性主导一切。

对于物质欲强的女人来说: 物质为主导，没楼的男士，根本不用交往。结婚更是最终的保障，有一套房，起码下半辈子有着落。

Cessie第一次婚姻，男方穷，净身出户，没话可说。第二次同居，付出感情，但由于是她主动离开，无名无份，也没法跟对方要什么。第三次David，因为相爱，结婚前也不好拿什么。第四次考虑与Jason同居，已知对方有家室，没法结婚，资产没有份，现在奔40岁了，还是一无所有。

女人青春已过，很难有更优秀的男士追求，尤其是她有婚史，有孩子，选择的圈子就已经不多，再加上年龄不小。其实，女士嫁人，是希望找个长期归宿，一般男方能力比较强，假如爱她的话，会安排妥当她的将来。一个相伴一生的老公，才是女士最大的人生保障。

Cessie应该在保持清醒和理智的状态下，找个单身的男士来谈感情，不应找没办完离婚手续的男士来谈，和"多情"的男士纠缠下去，女士的青春也就没了。

Cessie的感情之路，是命运还是自找？

感情背叛
10大困境

　　人生四大财富：健康、家庭、快乐、金钱，都是同等重要，前面三个缺一个便会反过来影响你的金钱，所以必须要花精力去争取家庭的和谐、健康的身体与知足的快乐。"永无止境地追求物质是最愚蠢的，互相攀比是最无聊的"，这只会令你疲于奔命，无时间享受自己拥有的一切。不要看别人所拥有的，看看你自己现有的，将自己多余的东西去掉一半，这样你赚钱的压力便大大减少，更能享受生活，享受自己拥有的一切。

　　男人追求金钱，女人追求爱情。有些女人还是很虚荣的，白马王子、高富帅，都是永远的追求，没有满足的一天。结婚之后，还是会有这种幻想的。第二章的案例王太太，55岁还有这种幻想，想象她国外的网上对象，是著名外科医生，还有是高大威猛的美国特种部队的上校，她脑袋装满童话故事的美好世界，对方三番五次骗她钱的征兆，她视而不见，完全是先入为主。

　　以下便是"感情10大困境"的真实个案，我们提出一些理智的处理方法。当然感情是永远都不理智的，当事人在漩涡里，更难看到或想到理智的处理方法。

- 夫妇长期分开，最后离婚。

- 孩子无一成才，都瞄着你的家产。

- 退休老人积蓄被骗。

- 异地恋。

- 房产都阵转到孩子名下，到头来自己住敬老院。

- 老婆、小三难取舍，最后一无所有。

- 老伴车祸后孤身一人，孩子全在国外。

- 家庭主妇，依赖丈夫，一旦离婚，失去依靠。

- 高学历、高收入的女性孤身一人，感情最易受骗。

- 家人经营小店关门，全家生活都受影响。

夫妇长期分居，最后离婚

两夫妻长期分隔两地，快即两年，慢即四年，必然出事。女士本身就渴望被人照顾，寂寞难耐，第三者乘虚而入，这不是电影里演的情节，是每每在现实生活中出现的实际例子，发生太多，不可不防。

当然，分开两地是为了获得更好的待遇，假如是短距离，一小时飞机一个月来回二三次也容易解决。

假如是长距离，那你便要平衡对财富的渴望与家庭的重要性。二至四年必须做一个决定，长期分开，感情上必然有所损失。

02

孩子无一成才，都瞄着你的家产

一家之主有本事，家人无忧无虑，以为是天生福气，谁知也下埋大祸根，家里孩子无一成才，却瞄着父亲的家产。

美国富翁处理这种事情很有一手，很早便跟家人说，每人只会给一百万美金，其余全部放入信托，交给专业投资者去滚动增长。家里的人知道只能拿到一百万美金，若买一套好的房子及好车后，所剩无几，都会努力工作，来维持高消费的生活水平。90%的资产，父辈都会交到家庭信托，由专家来打理。

03

退休老人积蓄被骗

退休老人，假如孩子都成才，在国外赚取高收入，都不愿回来。有些老人孤独守在家里，很渴望有人跟他聊天说话。

电话骗子看到他们这种需求，在电话里编故事，尤其是失去老伴的老太太、老先生，往往察觉不到，便汇钱到外地。社会老龄化越来越普遍，社会支援不足。希望将来有更多社区老人支援服务中心成立，有了团体支持，骗子便无从入手。

04

异地恋

　　恋人或夫妻，天南地北的距离，每个季度或两三个月才很艰难地见到一次，相聚一周，又再分开，有爱无性的"单身"生活，现代的牛郎织女。牛郎织女是很浪漫的故事，但在现实世界里，男女的结合，是互相依靠、互相扶持，不能纯靠嘴巴爱情来维持，九成异地恋最终都失败。

05

房产都转到孩子名下，到头来自己住敬老院

给孩子付点首期，这是可以接受的，但以后的月供应该让孩子负担。你老了以后，房产不应过早改名字。有的儿女在房产改名字后，将老人送到敬老院的悲剧，时常发生。

老人的资产，是最后的尊严，没有资产的老人，连尊严都掉到坑里了。所以老人的资产，千万不要转让给孩子，这是失败的理财思维。资产多的，就要学习美国富翁的理财忠告：成立家庭信托，委托出色的理财专家，代为投资在房地产及股市，只将利润分配给孩子。资产不多的，立遗嘱，将资产理智地分配好。

美国富翁的分配资产方式："不要全部平均分配给孩子。"财产理应放在信托，孩子只得到基本的照顾便足够，放到信托孩子拿不到，还能维持家里的和平关系。否则你钱太多，说不准孩子心中还想你早点死。有时候人性就是那么丑陋，不可不防。

06

老婆、小三难取舍，最后一无所有

　　这是活该的结果。男人贪心，想两者兼得，最后两边不讨好，全盘崩溃。男士请果断做出选择，从一而终。说得容易，执行难，这是你的人生。你的幸福或灾难，就在你的一念之差。

07

　　老伴终有一天是要走的，孤身一人并不可怕，最重要的是要有足够的养老钱并懂得如何保护与增值。年老的时候，维持一定的兴趣朋友圈子是必须的，认识出色的财务顾问，更是重中之重。

　　有资产的话，生活不会有困难，找个老伴，也是有可能的。振作起来，人的生死，淡然面对，继续生活。

　　但如果你没钱，没做好退休的完全准备，人又病弱，那就相当悲凉。

08

家庭主妇，依赖丈夫，一旦离婚，失去依靠

其实离婚对妇女的伤害是最大的，由于她的精力都放在家庭，事业肯定没有先生那么出色。但社会风气不断改变，现在女士的职业范围更广泛，收入比男士出色，都是常见的。

假如中年或老年时离婚，女性已没有颜值，只能靠性格找伴。还好有婚姻法，对女方有一定的保障，可以分到家庭一半资产，生活是没问题，主要是精神上的及孩子的支持。

扩大圈子也是办法。多参加感兴趣的活动，逐步正常地生活下去。有资产一切都好说，你说理财重要不重要？没钱，生活都没了；有钱，啥都好说，只要振作起来，便行。离婚后跟退休后都是一样，不能闲下来，退休要退而不休。离婚，再开始一个新的开始，当然先要靠点朋友的帮助，假如有资产，便找半份工作，跟退休一样，不图太多工资，只图有个工作圈，先正常活下去，生活有规律后，以后的事情便慢慢规划，总会有些你喜欢做的事情。

09

高学历、高收入的女性孤身一人，感情最易受骗

　　中老年女性找人聊天或寻找爱情，极易被骗子骗取她们的感情。以为找到真爱，找到自己下半辈子的幸福，将所有积蓄，全送给一位素未谋面的国际骗子，每年在中国香港、中国台湾、马来西亚等地都有超过几百件案例的女性受骗，金额由几万到上千万元不等，最后一无所有，潦倒终身。

　　女性的寂寞是骗子瞄准的空间，爱情诈骗的案件这几年在中国香港、中国台湾、新加坡、马来西亚爆发，害了不少家庭。最近国际爱情骗案太多，都是由于高学历女性感情空虚所引起。女士们对爱情的幻想，实在太丰富，使骗子得以乘虚而入。

　　这应该如何解决？这是社会上一个精神空虚的问题，暂时没有完美的解决方案。

10 家人经营小店关门，全家生活都受影响

　　一家人靠经营小店生活，小店关门，也没积蓄。小家庭生活的确很苦，那就指望孩子念书成才，靠知识致富。知识能改变命运，多念书，多看书，多学习，漫长的生命中，机会会不断地出现。学习理财技巧，瞄准机会，把握时机，便能更上一个台阶。

03

不买保险

究竟**代价有多大**

人生最后的生日会

2007年7月20日，张达明（化名）为太太宝英（化名）办生日会，三日后宝英过世。

抗癌五年，宝英开过刀也接受过化疗，但日子倒算过得不坏，一家四口还曾经到新西兰旅行。可是标靶疗法只能延续时间，到了2006年年底，因为抗药性换了一次又一次药后，宝英的药物选择终于来到尽头。最后她因为腹水和出血入院，便再也没有出院。

■ 只有一个愿望，能见到女儿小学毕业

关于死亡，张达明并非全无准备。事实上，这几年夫妇两人从没回避过死亡这一话题，但张达明也坦白，那些讨论点到即止。他处于一种理性跟感性不同步的状态，一方面他理解太太离死亡只差一步，随便一次伤风感冒都能要命，但是另一方面他却有一种错觉，以为死亡很远，尤其是见到她在药物效用下，偶尔也能像没事人似的过日子。最重要的是，张达明深知宝英放不下孩子，至少希望撑到几个月后的这天——女儿小学毕业，向她献花、给她拥抱。宝英曾在朋友的孩子的小学毕业礼上见证这幕，所以期盼殷切。

但这次入院，骤然令一切变得不可能。张达明请假陪她，每晚都陪她睡在病房，听着她咳嗽、哆嗦、辗转反侧。前天，医生私下向张达明透露，宝英可能在两周内离世，他终于被迫直视死亡。

■ 上帝的领悟

张达明在大学里教法律，性格中的理性比重很大，情感波幅小，但那晚他躺在太太身旁，静静地哭了一刻钟。在泪水中他似乎看到这样一幕：太太像只灵巧的小鸟，步履轻盈地跳进天堂。那些影像让她相信，天堂不纯粹是理论，太太离开后会去一个更好的地方。

这个领悟也带来挣扎。那晚张达明的愿望是这样的：如果勉强下去会为太太带来更大的痛苦，他愿意放手。但是如果太太至少能维持现状不恶化，请保佑她留在自己身边。在这以前，张达明的愿望中从没有"放手"这两个字。

待太太睡醒，张达明转达医生的话，而这个关于死亡的消息，竟让两颗心撞击了。

他们谈拍拖时的浪漫，谈孩子的淘气，谈大家的心情变化……病房里充满笑声。宝英说她最舍不得孩子，几年治疗都是为他们撑过来的。即使离开，她也相信丈夫能好好照顾他们。

■ 在重病时，感受先生的爱

两口子一个是理智，凡事理性分析；一个是浪漫主义，追求感觉。结婚早年，宝英因为感受不到自己在对方心中的位置，有很强的不安全感。宝英还送张达明一份让他珍藏一生的礼物。"她说她在病中看清楚，能带来满足的，并非她过去追寻的浪漫爱情，而是踏实的、不离不弃的爱。她很高兴在我身上感受得到"。这种认知对张达明的意义非同小可。张达明说："我也有过沮丧时，不明白自己做了那么多，为什么还不收获？"病床上太太说出心里话，浓浓的爱意，掩盖着病痛带来的痛楚。

■ 为宝英办最后一次生日会

宝英入院后，张达明曾推掉很多友人的探访要求，他担心太太身体太弱，不容许大家逐个见。但现在是时候为朋友安排一次最后的聚会了。"我始终相信，有话要在生前讲，别等人死后，追思会上才说出来。"张达明请朋友帮忙联络和发请柬，又跟医院借会议室，共花了6天。用6天时间来筹备一个生日会也许仓促，但是对于一个垂死的生命来说6天等待太长。"我们一直不敢说她能否捱到那天，尤其是生日前一晚，她的状况突然变坏，医生说她可能当晚便过世。但翌日早上她又恢复精神了，还撑了两个钟头，见了很多朋友。"

生日会上，孩子也发言了，大女儿平静地诉说她慢慢学会放手，小儿子依然期待妈妈康复，像往常一样跟他们有说有笑。

■ 五岁的小儿子，哭了一个晚上

"朋友曾经提醒我们，最好带孩子多见妈妈，让他们亲眼看见妈妈的状况。所以每日放学后，孩子都来医院。女儿会认真地跟妈妈倾诉，儿子则蹦蹦跳跳地笑。我的观察是他年纪还小，未曾真正面对。但那日他在生日会上哭，是很大的释放。"

生日会后，宝英把先生和孩子逐一唤来单独说再见，然后陷入昏迷，3天后离世，进入天堂。

■ 首席顾问评语

多少钱也难治愈癌症，让我们见证着人的脆弱。你可以赚全世界的钱，但一旦没有健康，没有家庭，再多的钱也是枉然。

有位智者曾经说过一句话，大意是：你计划的将来，大半都不会实现；"活好现在"最实际。也跟"三分天注定，七分靠打拼"有点雷同。

　　活好当下。该买保险的就买，不然一人生病，整个家庭跟着倒霉。张先生是教授，很早便准备了保险，财务没问题，只是一家人，孩子没了妈妈，丈夫没了妻子，缺少了以后的爱，这由什么来补救呢？但起码保险赔偿能让这家人以后的生活更好，然后再慢慢寻找人生的快乐吧。没保险的话，家人连翻身的机会都没有。

留意保险公司的细节：有6个范围是不理赔的

有人说："投保容易索赔难。"但也有人在发生事故后说："幸亏我当时买了那份保险。"产生如此截然不同的看法，最重要的原因可能就在于有些人顺利得到了赔付的保险金，享受到了保险带来的好处，但有些人却没能顺利拿到赔偿金，因此对保险公司多少有些怨言。

■ 获得有效赔偿的几个要素

参保的人都要明确一点，并不是所有的事故，都可以获得保险公司的赔偿。要获得保险公司的赔偿，最重要的是，所发生的事故必须是保险合同约定责任范围内的事故，超出保险合同约定的责任范围，保险公司不会承担赔偿或给付保险金的责任。

保险公司到底赔不赔钱，很多时候与时间有关。事故发生时，保险合同是否有效，是否在等待期（观察期）内；进行索赔时，是否还在索赔时效内，都与保险公司是否赔钱直接有关。如果投保人经催缴后，仍然不缴纳应交保险费，导致保险合同失效，或者投保人违反保险合同的订立原则，导致保险合同无效，保险公司当然不负赔偿责任。

保险公司赔不赔钱，赔多少，还与客户要求赔偿的金额有关。保险公司的赔款金额以保险金额为限，如果是多次索赔，总的赔款金额不能超过保险金额。比如，一份保险合同的总保险金额为5万元，前几次累积获赔款3.5万元，那么再发生保险理赔，保险公司最高赔付金额只有1.5万元，超过的部分将由被保险人自己承担。

此外，未履行按期缴纳保险费的义务，缺少必要的索赔单据、材料等情况，也会被拒赔。保险专业人士提醒，如果消费者投保时多留意一下细节，很多拒赔其实是可以避免的。

■ 不如实告知真相，不赔!

据保险业内人士透露，目前80%以上的拒赔案都因没有"如实告知"引起。保险合同有个重要原则，就是投保人需要承担"如实告知"义务。你投保时一个小小的"隐瞒"，就会失去日后索赔的权利。特别需要提醒的是，在投保一些健康险和人寿险时，很多人口头告知了某些病史，但业务员说可不填，结果事后被指"隐瞒"病情，却无据反驳，最后只好被拒赔。要知道，法律上只认可书面记录于保险合同中的告知事项。

[案例回放1]

在2002年梅艳芳得知子宫颈长了肿瘤后，情况虽未致恶化，但受到姐姐梅爱芳死于子宫癌的影响，担心自己亦会步其后尘。顾家孝顺的梅艳芳为免母亲日后没有依靠，便找了保险界朋友又买了一份保额高达1000万港元的保险，连同她事业如日中天时购买的那份2000万港元保额的保险，总保额达到3000万港元，梅艳芳已为梅妈日后的生活做出双重保障。

但在购买第二份保额1000万港元的保险时，梅艳芳可能顾虑自己的巨星身份，先前一直未将病情公开，治病亦在高度保密的情况下进行，因怕患癌的秘密遭泄露而没有在保单上如实申报病情。但按照香港的保险条例，隐瞒重大病情投保，属于严重违例，因此，梅艳芳去世后，便传出保险公司拒赔1000万港元保险金的消息。

但据报道，保险公司将当初梅艳芳为这张保单的每月供款过万元的保费发还给了梅妈，而不是一味拒赔并且不退还保险费，这多少也反映出保险公司谅解梅艳芳未如实申报病情的苦衷。当然，让保险公司理赔1000万港元却是不可能的，他们并不会因为梅艳芳是天后级的"大姐大"而法外施恩。

[案例回放2]

廖某于1999年5月投保太平洋"长健医疗A"20份，其中，重大疾病险保额10万元，年缴保费600元。2017年7月，他向太平洋寿险桂林分公司提出索赔，并提供了某医院"慢性肾功能不全，尿毒症晚期"的诊断证明，证明材料上显示廖某仅住院1天，病史为1周。该分公司理赔人员在多所医院仔细调查后，终于查出被保险人早在1997年7月已被确诊为"慢性肾功能不全，双肾中度萎缩"。至此，该分公司以投保人故意隐瞒病史，企图骗取保险给付款为由，拒赔10万元的保险金额。

[点评]

保险有一个基本的原则——最大诚信原则，这条原则具体到人身保险，就要求投保人应履行如实告知和申报等义务。也就是在保险的谈判签约过程中，投保人对于保险人提出的有关保险标的或者被保险人的情况等问题，应当进行如实的答复。

无论是天皇巨星级的梅艳芳，还是普通人廖某，都要遵守这一规则。如果投保人违背诚信原则，故意隐瞒事实，不履行如实告知义务的，一旦发生保险事故，保险公司不承担保险责任并且可以不退还保费。

《保险法》也有类似的规定，《保险法》第17条第二款规定："投保人故意隐瞒事实，不履行如实告知义务的，或者因过失未履行如实告知义务，足以影响保险人决定是否同意承保或者提高保险费率的，保险人有权解除保险合同。"香港的保险公司以保险最大诚信原则的法律，对梅艳芳带病投保的1000

万港元予以拒赔，于法于理，都是正确的，倒是退还保险费的举动，多少显示了保险公司的宽容和通融之处。但是保险公司确实也有风险，因为根据保险行业的又一国际惯例，人身保险合同中的不可抗辩条款（不可争条款或无争议条款）的含义，如果从保险合同生效之日起满一定时期后（这个一定时期通常规定是两年），保险人就不得以投保人在订立保险合同时违反诚信原则，未履行如实告知义务为由，否定保险合同的有效性或者主张解除保险合同。也就是保险人以投保人隐瞒、漏报、误告等理由予以抗辩的期限是两年，超过两年保险人便不得以此为由拒付赔偿金。

如果梅艳芳到2005年前后仍未死亡，也就是自1000万港元的保险合同生效日起满两年，那保险公司尽管万般不愿意，也得拿出这1000万港元来给予赔付，这就是不可抗辩条款的题中之意。因为由于人身保险合同的长期性，如果经过几年、十几年甚至几十年，保险人仍有可能请求宣告保险合同无效，那对被保险人或受益人会有不可弥补的后果。也会使公众怀疑保险的功用，对是否购买长期寿险犹豫不决。如果不加以限制，则不可避免地会有保险人滥用这一原则。

■ 他人代签名，不赔！

代签名引发的保险理赔纠纷也屡见不鲜，有家属、朋友、同事（团险中多见）代签的，也有保险代理人代签的，但无论何种情况，投保中代签名都是绝对不可取的。

[案例回放]

2000年10月，郑先生为远在国外工作的妻子马女士买了一份定期寿险。由于这类保险是以被保险人的死亡为给付条件，因此需要征得被保险人的许可（书面签名）。签保单之前，郑先生告诉代理人蒋某："我的妻子不在国内，无法在保单上签名。"蒋某说："没关系的，你帮她签字就可以了。"这样，郑先生便在被保险人一栏代他的妻子签了名。

2001年，郑先生的妻子马女士不幸病逝。伤痛之余，郑先生想到曾为妻子购买过保险，便向保险公司提出理赔申请。保险公司理赔时，对比签名的笔迹后发现：马女士没有在保单上亲自签名，被保险人一栏是由投保人郑先生代为签字的，因此做出拒赔决定，这令郑先生万分震惊。事后，保险公司对误导客户的代理人蒋某做了严肃处分，但郑先生受到的经济损失却已无法弥补。

[点评]

郑先生的遭遇实在令人感到遗憾，因为受到保险代理人的误导而蒙受了经济上和精神上的损失。但法律又是无情的。他的遭遇再次提醒人们：签订保险合同时，一定要亲笔签名。保险合同一旦签付即生法律效力，所以不要请人代签，也不要让保险业务员帮忙填写，以免生病、出事后保险公司以合同无效为由拒赔。

■ 不属于保险责任，不赔！

由于没有搞清手中所持保单的保险责任，而向保险公司索赔，但最后遭拒的情况也比较多见。

[案例回放]

2017年8月13日晚，山东的81名游客，在北京王府井附近一家餐厅吃饭后，陆续出现发烧、腹泻等症状。14日中午，已有21人被送到和平里医院治疗。后被认定是食物中毒。游客向旅行社提出赔偿要求，旅行社转而向保险公司求偿，但遭拒绝。

太平保险公司称，旅行社投保的责任险就是意外险，即旅客在旅行途中遇到意外，保险公司负责赔偿，如翻车事故等。"食物中毒"不在旅行社投保的范围内，保险公司不负责赔偿。游客可与旅行社协商或通过法律渠道解决。

[点评]

每一份保险都有自己特定的保险责任，保险并不是"包险"，并不是"百险皆保"。作为一个理性的消费者，不能屈从"霸王条款"，同样不能无理取闹。对自己负责任的态度是事前了解清楚自己（家人）所买的保险，可以承担哪些保险事故的责任。

■ 属免责条款的，不赔！

与"不属于保险责任免赔"情况类似的是，虽然有些保险事故看似属于保险责任，但却偏偏列在"除外责任"条款中，那么很可惜，保户也同样不能获得保险赔偿金。

[案例回放]

刘先生开着一辆北京吉普，快到家门口时撞倒了自己的妻子何女士。何女士受伤住了一个多月的医院，花了几万元钱。妻子住院期间，刘先生想起这辆车上了第三者责任险，就找保险公司索赔。保险公司就两个字：不赔！

[点评]

由于第三者责任险种"被保险人的家庭成员"在免责条款之列，因此妻子被丈夫撞倒属于"撞了也白撞"。不仅在车险中，寿险、家庭财产险及以及其他责任保险中都有"免责条款"。不同险种在此条表述中会有一定差别，投保人在填写保单时必须注意是否有相应情况，避免日后出现争议。

■ 观察期内生病，不赔！

一些带有医疗费赔偿的医疗保险合同中，为了防范投保者故意带病投保，也为了降低保险公司风险，其中有一条规定是：保险责任从等待期（观察期）

结束之日起开始，如果保险事故是在等待期（观察期）内发生的，保险公司不负赔偿责任。

[案例回放]

邬女士在2003年12月1日买了一份女性重大疾病保险，该保险的观察期为60天。2004年1月5日，不幸降临到邬女士身上，她被查出患有乳腺癌。她了解到，重大疾病保险是及时给付型保险，只要医院确诊就可以获得足额保险金。她遂于2004年1月8日向保险公司提出理赔请求。但保险公司查看保单情况后，做出拒赔决定，理由是：该保单还在观察期内，保险公司不需要承担保险责任。

[点评]

在这个案例中，保险公司的确是有理由拒赔的。遵照合同精神，邬女士只能"哑巴吃黄连"，苦水往自己肚里咽。虽然邬女士投保时并没有故意隐瞒病情，但因为还没有过观察期，保险责任还没有开始生效，她的赔偿金也就没有了。

■ 故意致被保险人死亡，不赔！

目前，企图以"杀妻""自杀""杀儿"等方式获得高额保险金的案例常见于报端，不少人为了获得保险金，不惜以牺牲自己或家人的生命来做赌注。殊不知，这样的做法，违背了基本的社会道德，在法律上更是获得不了任何支持，豪赌一把的结果只能是"赔了夫人又折兵"，保险金拿不到，还要接受法律的严惩。

[案例回放]

2002年，某航空公司大型客机在机场东侧约20公里海面失事，机上112人遇难。同年12月，空难调查结论显示：调查认定本次空难系张某某纵火造成。据当时媒体报道，张某某登机前购买了7份保险，如果按照正常赔偿，张的家属可获得约140万元保险赔偿金。但法院驳回了张母要求太平洋保险公司（7份保险中的部分）支付保险赔偿金的诉求。这也意味着，张母从其他几家保险公司获赔也已几乎不可能。

[点评]

我国《保险法》第65条规定："投保人、受益人故意造成被保险人死亡、伤残或者残疾的，保险人不承担给付保险金的责任。受益人故意造成被保险人死亡或伤残未遂的，将丧失受益权。"张某某作为投保人，故意造成了自己（被保险人）的死亡，所以保险公司有权拒赔。

总而言之，对于保险理赔，保户要有一个比较正确的认识，不要认为保险公司拒赔就是对保户利益的损害，或者是对保户的欺骗，重要的是自己签合同前要看清条款，发生事故后也要认清状况。当然，对于某些问题，双方可能会有不同的看法和意见，如果在理赔中发生纠纷，可以通过仲裁机构或法院来解决。

■ 首席顾问评语

很多人或是亲身经历、或是耳闻目睹过被保险公司拒赔的遭遇，有人会对此愤愤不平，认为保险公司"太黑"。殊不知，在目前的案例中，大多数是属于合理拒赔的范围内。

■ 重大疾病险的争论

重疾险相对于其他健康险种，出险时往往关系到投保人的生命安危，而且给付的理赔金相对都比较高，对生大病的投保人及时治疗至关重要。因此，对于投保人来说，能否顺利理赔是他们最为关注的环节。不清楚免责、未如实告知、代签名、材料不齐全、观察期内罹患疾病等都不会顺利获得理赔。

【链接】

常见大病的花费

◎ 癌症（亦称为恶性肿瘤）：5万~20万元，平均12万元；

◎ 慢性肾功能衰竭（亦称为尿毒症）：每次平均4235元，一年5.5万元，平均8万元；

◎ 再生障碍性贫血：10万~20万元，平均15万元；

◎ 脑中风：5万元以上，平均8万元；

◎ 急性心肌梗塞：早期发现12万元，血管复通手术5万元以上，平均9万元；

◎ 严重烧伤：换肤、完全医好至少20万元以上，平均10万元；

◎ 冠状动脉外科手术：一条桥5万元以上，平均7.5万元；

◎ 重要器官移植手术：肾移植手术10万元以上，平均10万元。

《重大疾病保险定义使用规范》规范重疾险

尽管重疾险在老百姓的保障规划中占据着重要的位置，但不少消费者认为重疾险是"保死不保活"，理赔比较困难。事实上，近年来也发生了不少重疾险的纠纷。为规范重疾险市场，中国保险业协会于2007年4月出台了《重大疾病保险的疾病定义使用规范》（简称《规范》），从根本上解决了关于保险病种界定方面的争议，保护了消费者的权益，规范了重大疾病的处理原则。

规范实施后，新重疾险疾病定义透明，给消费者带来了切身的好处。主要有以下内容：

此前重疾险中疾病定义没有统一的标准，投保人从医院拿到的诊断结果是根据医学标准，而保险公司理赔是根据保险合同条款中的保险标准，两者之间的偏差造成保险理赔纠纷不断。《规范》实施后，包含6种"核心疾病"（恶性肿瘤、重大器官移植术、急性心肌梗塞、脑中风后遗症、冠状动脉搭桥术、终末期肾病）在内的25种重大疾病都有了统一定义、理赔标准和原则。发生索赔时，理赔更规范。这样可增强投保人对保险公司的条款的理解和掌握，进而保障自己的利益。

新重疾险产品保障那些危险性很高、但治疗后依然有较高存活率的疾病，改变过去"只保死，不保生"的尴尬。如过去肝癌往往是到了晚期、末期才能得到理赔，而今后可能放宽理赔尺度，提高被保险人的生存可能。

新重疾险在诊断方法和治疗方法上也有很多新的规范。《规范》出台前，得了合同规定的病必须按照保险产品的要求诊断和治疗，如冠状动脉手术只有在开胸后才能得到理赔，而现在有些公司规定，该手术不开胸，使用微创手术也可以得到理赔。

安乐死，是否应该实行？
一位病人亲属的感受

■ 照顾最后一程

公公快90岁了，我成为他的儿媳妇也将近10年。我们原本不熟，因为他说方言，有时我连他说什么都听不懂，但我是他人生中最后一小段时光的照顾者。

他住进来的几个月，正是身体状况急转直下的时期。我目睹癌症如何以令人措手不及的速度，把一个傲然独居的老人，折腾成事事需要帮助的临终病患。在这个过程中老人不得不一次又一次跟自己的尊严妥协：从拐杖到助行架和轮椅，失禁带来的尿片和便椅，还有几十年来一直自行服药，却因为错服和时间认知混乱，而被收起药包……

收起药物和在晚上把便椅放进老人睡房，都使老人发飙，但是我记得最清楚的，却是他如何讨厌尿片。某日我瞥见他独坐在床边，静静地摸着自己的光头，望着放在床脚的几包成人尿布，神态无比窘恼。他甚至曾经奋力抗争，悄悄拉下身上的尿片藏起，失败了便欲弥彰地胡乱弄干地上的尿迹，换来一屋黏糊糊的黑色脚印。被发现后他一脸的羞怯沮丧，那是你不忍心在任何一位长者脸上看到的神情。

■ 一步步学习

我甚至怀疑资深护士关惠敏能否看清我的生活和心理状态，她告诉我：

"有些人觉得病人像婴儿般什么都不懂，其实不然，他们都是成人，对于如何照顾自己是有想法的，受尊重很重要。"此前我刚刚向友人诉苦，说一晚起床几回像在照顾初生婴儿。

为了给我这个没有经验的照顾者上一堂有关生死的速成课，我们开始接受医院纾缓科的服务。后来，一位很有同情心的家居护士还定期上门，做些简单检查和教我护理常识。渐渐地，我也能分辨老人的呼唤：哪些是求助，哪些是求注意，哪些代表快要昏倒必须赶快冲出病房求援。

我记得这个场面：家中只有我和老人，在他攒够力气或在救援人员赶到前，我们只能维持同一个滑稽姿势——他半躺在地上，我坐地上用身体拦住他下滑的势头。老人病后瘦多了，但依然是个大块头，我一个人抬不动。

■ 处处"此路不通"

老人后来混乱了，把儿子当亲弟，或认不出帮忙照顾的女儿，自然也不知道我这个儿媳和他的孙儿。问他，他便笑，分明是自我保护的社交反应。

偶尔他精神好，我会推他坐轮椅到平台散步，他竟然记得散步的程序。而在那些平台上的时光，我试着倾听。他说自己小时候被阿妈卖给国民党当兵，后来又被国民党卖给日本人打仗。这些究竟是历史还是意识错乱，抑或是我的误读，我判断不了。可是我不会忘记他说得起劲，好像担心下一回没有听众。他身边一直都有家人在照料，可是心里好孤单。

接下来有一日，老人不停地在斗室中走了又跌，扶起再走。步行架撞击地板发出的咯咯声，疯狂地从半夜到早上，再从早上到傍晚。我们跟在他屁股后面胆战心惊，一直问为什么？他有时笑笑，有时不理，即使回答我们也听不明白，譬如说"要去后面房间看看"，手却指着窗外某个不存在的房间。

我急疯了，打了几通电话给纾缓科，问老人究竟发生什么事？跟刚换的药有关吗？可不可以送老人回去观察？

医生说："新药没有这种副作用，你继续让病人吃好了……这里没有回院观察的安排，救护车不会把病人送来的，会按你们的住址就近送到另一家医院的急症室。或者你自己叫出租车送病人回来，虽然我知道那样有难度。"接电话的医护人员都很有耐心，但六神无主的我只听出"此路不通"这四个字。

最后我无计可施，指着客厅大钟，警告老人起码要安坐30分钟，否则便拿绳子来绑。老人不情不愿地坐下，然后遇人就投诉这里有一个动辄要绑起他的女人。

■ 还是送急症室

不想送老人到急症室，因为我们知道急症室代表什么……在周遭的纷乱忙碌中，老人饿着肚子等待，然后换衣服检查，等待再检查，然后继续等待检查，最后送进拥挤的内科病房，又换上一套病人服。对于还在为生存而奋战的急症病人，这些都是必要的，但是对一位只求安安乐乐走到人生终点的老人来说，那简直是要命的折磨。但一日后我们还是屈服了。

医院的病床上，老人的脸肿得像吹胀了的气球，被绑的双手在有限的活动空间中乱挥乱抓，神志混乱的说不出话，痛苦的呻吟像来自地狱。

在震撼中我退出病房，蹲在地上哭得不能自已。我一直自我安慰和老人"不熟"，以为在情绪上把控得住。但原来我自信过头。我能接受老人的死亡，却无法接受他必须承受这种煎熬。

当日医生决定把他转离急症医院，但是因为没有床位，不能转到平常复诊的纾缓科。接下来，老人像一件物件，被搬去又抬回，而搬运的人当然不会向"物件"说话。

他神志迷糊解读不了处境，只能在惊悚中挣扎狂号，上演一幕幕荒诞的独角戏。我只能振作自己，上前抚着他发烫的额头，假装笃定地重复无力的话：

"我知道你很难受，医生给你转间舒服的医院……"

■ 孤单的黑夜

离开医院，两回走错路。深夜孩子都睡了，我独自坐在静悄悄的客厅，心中充满无力感，真想找个人倾诉、发泄。但丈夫不在香港。我只能呆滞地、机械地、一遍又一遍地用手指头逐一翻查电话上的联络人。再劝说自己他已经睡了，她不合适，她自己也在烦恼中……

在走向死亡的路上，临终病人和照顾者，原来都好孤单。

■ 首席顾问评语

一个90多岁的孤独老人，身患绝症，没有能力照顾自己，不应该是医院的责任，应该是专业机构的事情。现在老年人口在某些国家，已经占30%以上的比例，照顾老人的专业机构必须增加，舒缓他们的痛苦是重点，让他们有尊严地离去。将老人送去医院，医院负责救人，没有必要的急救，延长病人的痛苦，这又是何苦呢？

在北欧的一些国家已经通过"安乐死"法例，对一些绝症，没法医治的病，病人假如是自愿的话，是允许"安乐死"的。有两位医生会诊同意，加上心理医生的评估及同意，病人可以签下自愿书，选择时间去极乐世界。死亡对他们来说，是解脱，不但没有伤感，反而是愉快地离去，不用忍受于事无补的医疗痛苦。病人不是实验品，应该尊重他们的意愿，让他们好好走完生命的最后一程。相信这种观念，大约在几十年后会被大众广泛接受。那时候，最后一程是愉快的一程，但愿如此。

04

别人是

如何教育女儿

进入哈佛大学的

她的名字叫"虎妈"

在美国生活的华人妈妈Michelle是一位不折不扣的"哈佛妈妈"，先后把两个女儿送入哈佛大学读书。目前，大女儿Elaine是经济系大三学生，小女儿Amanda在念大一。除了学业优秀，两个孩子从小练习艺术体操，是美国竞技体操队的运动员。

Michelle的经历很容易让人联想到《虎妈战歌》的作者，同样是美国华裔妈妈的蔡美儿。蔡美儿也有两个女儿，一个在哈佛读书，一个进了耶鲁。同时，她们分别在钢琴和小提琴上有很深的造诣。

"牛娃"成长的背后，"牛妈"功不可没。作为"立洋教育"的美国升学指导师，"我对孩子的要求很高，不过她们说我不是'虎妈'"。和"虎妈"一样，Michelle笃信精英教育，不过她的做法更为理性，在对孩子充分观察和了解的基础上，基于孩子的个性和特点进行引导。同时，在她看来，家长自己首先要有承受力，练就一颗强大的内心，这样的话，孩子才能承受得起压力。

■ "虎妈"语录1：家长要"受得了"孩子吃苦

"我觉得人生一定要规划，孩子刚开始起步的时候不能让他们觉得太宽松。"对不同年龄阶段的孩子，Michelle会制定不同的规划。

具体来说，孩子小的时候，家长要多带他们参加活动，观察他们的表现，但是不要安排得太满，给孩子留一点空间；初中阶段，孩子的心理调节很重要，要引导他们培养自己的兴趣，让他们觉得生活很充实；到了高中的时候，学业负担会一下子加重，这个时候学习就要占据很多时间了。

大女儿长到6岁，Michelle发现她学东西很快，也希望上进，但是做事情没长性，有些畏难怕苦。于是，她安排女儿学习艺术体操，后来小女儿6岁的时候，也走上了和姐姐一样的道路。

Michelle说，之所以让女儿学习艺术体操，是源于美国人对体育教育的重视。美国的研究机构在对练体育的女生进行追踪后发现，由于青春期带来的生理和心理变化，大部分女生在青春期的时候会放弃体育训练，坚持下来的只有一小部分人。"大量事实证明，最终坚持下来的孩子，往往体育练得好，学业也很优秀，而那些退出的人，不但体育不练了，而且成绩也会下降。"

艺术体操的训练是艰苦的，不仅每周要花13~14个小时练习，还要承受身体拉伸带来的疼痛，往往身体要处在极限的状态才能有所突破。在Michelle的坚持和鼓励下，两个女儿从6岁进入体操馆到18岁考入大学，坚持练习达12年，成为留下来练体育的"一小部分人"。

孩子们小的时候，我父亲负责接送他们去上体操课，他说："你工作忙，不知道孩子们练体操流了多少泪。"我回答说："爸爸，我就是狠着心做妈妈的。"Michelle觉得，对孩子光有爱是不够的，有的家长见不得孩子吃苦，孩子一哭，他们就心软或者放弃了。作为大人，家长首先要有承受力，坚持原则，孩子才会变得坚强。

■ "虎妈"语录2：聪明的人很多，所以你们要更努力

美国社会提倡"表扬式"教育，但是Michelle却有意让两个女儿在体操馆中接受"挫折教育"。

女儿的教练来自罗马尼亚，以前是国家队的运动员，对学生的要求非常高，时常把女儿骂哭。Michelle坦言，之所以坚持让孩子们练习，有一个重要

的原因是希望她们认识到自己的不足。

"不要让孩子觉得自己很强很厉害，做什么都是冲着拿奖去的，不拿奖就不去。"在这方面，比尔·盖茨的经历给Michelle带来很大的启发。盖茨小的时候不擅长体育，但是妈妈却坚持送他去球队，妈妈告诉他，即便天分不好，也可以在环境中得到锻炼。

"我告诉女儿，你们很聪明而且有能力，但是这样的人很多，所以你们要努力才行。"Michelle希望艺术体操的训练能够让女儿知道自身的不足而努力。

Michelle的预见是正确的，女儿在成长过程中难免遭遇曲折，这个时候，Michelle尽管担心，还是告诫自己保持理性，做女儿坚强的后盾，引导女儿走出困境。

大女儿到了青春期的时候，果然对艺术体操有了抵触的情绪，几次提出不练了。对此，Michelle没有一味地反对，而是坐下来，心平气和地与女儿一起分析情况。

处于青春期的女儿情绪变化很厉害，说不出退出的合理原因，只是一个劲儿地哭闹，因此Michelle没有同意女儿的要求。"任何东西要做好，到了一定的阶段都是要吃苦的。"Michelle告诉女儿。

后来，女儿升入9年级，这是学业上是非常关键的一年（美国基础教育为12年，其中9-12年级为高中阶段），此时，Michelle明显地感受到了女儿的焦虑：一方面，学习强度骤然增大，疲于应对；另一方面，艺术体操的训练似乎到了瓶颈期，难以精进，而同在体操队的妹妹却正处于上升阶段，更让敏感的姐姐倍感压力。

"女儿的压力太大了，我担心她灰心，就同意她暂时停止艺术体操的训练。"针对女儿的状况，Michelle决定让女儿缓一缓。

没想到，停止训练一段时间之后，女儿反而放不下，天天吵着要回去练习。对此，Michelle既没有马上同意，也没有断然否定，而是私底下找到教练，和他商量为女儿制订了一年的恢复计划，其间女儿每周只去上一次课，确保技艺不生疏即可。

"我劝女儿不要太着急，先看看自己的情况是不是稳定，心理承受能力有没有提高。"就这样，女儿平稳地度过了关键的9年级，学习上逐渐适应了加快的节奏，而更重要的是，在经历了起伏之后，她发现了内心对艺术体操的热爱。一年之后，女儿精力充沛，重新归队。

■ "虎妈"语录3：要让孩子硬着头皮去做一件事

Michelle说，女儿高中的校长曾经说过一句话，让她感触颇深，校长希望家长们能够允许孩子失败，至少一次。

"我经常对女儿说，撞墙去吧。"Michelle大笑着说，家长不仅要鼓励孩子尝试，还要受得了他们把事情搞砸。

Michelle的大女儿从小文采好，读莎士比亚的作品，喜欢写作，只是性格上太过害羞，不敢在公众场合说话。

有一次，大女儿好不容易下决心参加学校竞选，她花了很多时间，认真地准备发言稿。比赛结束，Michelle去接女儿，一见面女儿就哭了，原来不善言辞的女儿怯场，在发言的时候脑子一片空白，在台上呆呆地站了十几分钟。

女儿痛哭流涕，Michelle却很淡定，她没有安慰女儿，只是冷静地嘱咐女儿自己调整好情绪。

"您不怕孩子从此留下心理阴影吗？"有记者忍不住问。

"我觉得孩子要有勇气去承受危机，如果这些都不能承受，那么就不要谈什么去哈佛接受挑战了。"Michelle回答。

Michelle看上去对女儿的弱项不屑一顾，其实一直都很上心。她知道女儿擅长写作，经常往校报投稿，就鼓励女儿加入校报的工作。

采访、编辑的工作要与各种各样的人打交道，这对女儿来说是空前的挑战。Michelle亲自上阵，指导女儿与人沟通的能力，在她的督促下，女儿硬着头皮去采访，对象从学生到老师，再到校领导。

"这种硬着头皮去做一件事情的经历非常重要。"日复一日的锻炼使得女儿逐渐变得自信起来，加上原本深厚的写作功底，等到11年级的时候，她已经成为校报的骨干人员，棘手的稿子都由她处理了；与此同时，女儿在学校里的影响力也越来越大，成为了知名人物。

"人要对自己的命运有一定掌控的勇气。"这是Michelle信奉的一句话。在家庭教育中，她是这样要求女儿的，让她们从小接受锻炼，勇于承受挫折；她也是这么要求自己的，既有"虎妈"般的严厉和决断，又有理性的智慧和从容的心态，指引孩子一路成长，走向成功。

就这样，Michelle把自己的两个女儿成功地送进了哈佛大学。

■ 首席顾问的评语

孩子成才不仅需要孩子自己的努力，还需要家长的正确引导。

（1）读书以外，运动是最好的锻炼"吃苦"的途径，用玩的方法引导到加强力度的磨练，坚持下去，让孩子自小便磨练吃苦。

（2）在学校做义工，从她感兴趣的写作开始，慢慢做出自信，提高能力，与人沟通的本领也磨练出来。

（3）这"吃苦"与"擅长写作"的安排，都要通过母亲的心理引导，才能完成。

女儿出生便是哑巴

　　他是一个普通聋童的父亲，但他把自己三岁半时还一个字不会说、震耳雷声都听不见的女儿周婷婷培养成了中国第一位聋人少年大学生，留美硕士。经过20多年的教育探索，他把自己的教育方法提升为赏识教育，它的基本理念是：没有种不好的庄稼，只有不会种的农民；没有教不好的孩子，只有不会教的父母和老师。农民怎样对待庄稼，决定了庄稼的收成；父母怎样对待孩子，决定了孩子的命运。农民希望庄稼快快成长的心情和父母希望孩子早日成才的心情是完全一样的，可做法却往往不同。农民日夜思考的是庄稼需要什么？怎样满足庄稼的需要？

　　父母教育孩子想尽办法、呕心沥血，但有没有想到孩子心灵深处最强烈的需求是什么呢？怎样满足孩子的精神需要呢？庄稼长势不好时，许多父母却一味地指责，很少想过自己的责任，在自己身上找原因。地理环境变化时，农民都知道改变种植方法；社会环境变化时，父母是否想到要更新教育观念呢？当今中国发展很快，而父母的教育观念却几十年，甚至上百年不变样，能培养出面对21世纪激烈竞争的新型人才吗？时代发展到今天，父母教育观念的更新已显得刻不容缓。心灵饱受创伤、在分数线上苦苦挣扎的孩子多么渴望父母能以崭新的形象出现在他们面前。

　　哪怕天下所有人都看不起你的孩子，做父母的也要眼含热泪地欣赏他、拥抱他、赞美他，为自己创造的生命永远自豪。孩子的成长道路犹如跑道和战场，父母应该为他们多喊"加油"，高呼"冲啊"，哪怕孩子1000次跌倒，也要坚信他们能1001次站起来。愿关心孩子的父母和老师学会赏识！愿"赏识教育"早日走进千家万户！

■ "哑巴"白雪公主

幼儿园里别的孩子嬉笑欢闹，婷婷却无法与他们交流，只能一个人默默地坐在一边，看着小朋友玩，一心盼望着爸爸早点来接她。在接送女儿时，许多孩子只要看到我这个心事重重的爸爸，都会一个劲喊："小哑巴的爸爸来了。"这八个字像冬天里呼啸的北风让人心寒。女儿小时候长得漂亮，幼儿园老师给她起了个美丽动听的绰号——"白雪公主"，但加了一个令人心酸的定语——"哑巴白雪公主"。我想呐喊，但微弱的声音淹没在世俗的空气中。

婷婷幼时因为听不见，也不会说话，很自卑，在幼儿园里想小便也不会表达，憋不住时就尿在裤子上。春夏秋天还好，一到寒冬腊月，我上班时总是忧心如焚，担惊受怕，挂念着可怜的女儿。下班后我冲刺似地奔出厂门。接到女儿的第一个动作：先摸女儿的裤子，如果裤子湿了，我的心也凉了。骑车带她回家的路上，我泪如泉涌，寒风吹在女儿蜷曲哆嗦的身上，仿佛万箭穿心。记得有一次我正在擦眼泪，女儿不小心从车上掉下来，弄得满身泥，呜咽的哭声引来路人的侧目观望。路人哪里知道我们的真实情况，一起围过来嘲笑我这个糊涂愚钝的父亲。

当时，悲伤、孤独、无助、羞愧等等感受交织在一起，不知是什么滋味，仿佛掉进冰窟，没有依靠，没有温暖。回家后，我脱掉女儿的衣服，把她浑身上下洗干净，没有暖气，我就用身体给她取暖。辛酸的眼泪一滴一滴掉在女儿娇嫩的小脸上，女儿则用一双无比困惑的眼睛看着爸爸。

人生之苦，莫过于看不到一丝希望。无尽的苦难把婷婷妈妈的身体也拖垮了，长期病倒在床上。于是，异常沉重的担子压在我一个人肩上，精疲力竭的我在苦苦寻找着精神支柱。

就在我们走投无路、山穷水尽之际，中央电视台播放了一部日本电视连续剧《血疑》。幸子因患不治之症离开人世，但她不是痛苦而是含笑离开人间，圆满地走完了短短的人生之路。她的父亲大岛茂坚强而勇敢地面对考验，对女儿付出了无尽的父爱。只要有百分之一的希望就要付出百分之百的努力。

■ 日本人行，我也行

我抱着双耳全聋的女儿，边看边流泪，渐渐地感觉到有一股力量在涌动，在凝聚，在升腾。幸子的父亲大岛茂付出了感天动地的爱。这爱是那样的纯粹，不含一丁点儿杂质，不管付出多大的代价，不管这种付出有没有结果，爱是不变的，爱是不能中断的，爱是不讲条件的。我也是一位父亲，我也爱女儿。但是和大岛茂相比，我的爱是多么苍白！我的爱是抱怨，抱怨老天不公平；我的爱是忧伤，为女儿的不幸而终日忧伤；我的爱是虚荣，总觉得自己丢了面子，在众人面前抬不起头来。我如果再这般爱下去，只会导致女儿更加不幸啊！

我猛然醒悟：我再也不能以泪洗面，再也不能在绝望中度日如年，我想女儿虽然失去了听力，可我女儿仍然拥有健康的生命！生命是最可贵、最美好的，世上还有什么是比生命更宝贵的吗？哪怕天下所有的人都看不起我的孩子，做父母的也要欣赏他、拥抱他、赞美他，为自己创造的生命永远自豪！我要做中国的大岛茂，我发誓要用自己沸腾的父爱，为女儿找回童年的欢乐，为婷婷打开有声的世界！

■ 非凡的毅力换回了珍贵的回报

从婷婷3岁开始，我定期带着女儿到上海一家部队医院进行针灸治疗。虽然治疗过程十分痛苦，但1年后，女儿终于恢复了一点儿听力。与正常孩子相比，微不足道。但是，对婷婷来说可是无价之宝，借助助听器，婷婷听到了人间美妙的声音，全家人欢欣鼓舞。

■ "母语玩字法"

一天中午婷婷午睡后，习惯性用手比划一个圆，要吃饼干。年轻时曾从事过幼教工作的奶奶计上心来，抱着饼干筒坐在孙女的对面："饼干！婷婷说'饼干'。"奶奶想让婷婷开口。可婷婷就是不说，喂喂呀呀地抗议着。

"不说就不给吃。"奶奶固执地一遍遍念着"饼干""饼干"。于是，一老一小便"对抗"起来。奶奶不厌其烦地重复着，一遍、二遍、十遍……婷婷是欲哭无泪，奶奶是老泪纵横。奶奶多想把饼干递给可怜的孙女，可一想到她的将来，手又缩回去了。整整对抗了40分钟，婷婷的喉咙里终于发出了两个含混不清的字："布——单。"

石破天惊！奶奶立即递给她一块饼干，婷婷的眼睛一亮，一连串地说出"布单""布单"。奶奶激动地把孙女搂在怀里，给了她一堆饼干，兴奋地说："婷婷，你吃，你吃呀！"

从此女儿似乎开窍了，她朦胧地意识到了用口语交流的意义，开始主动用说话表达自己的要求，"希刀"（鸡蛋）、"布多"（苹果）、"倒滴滴"（巧克力）等词接二连三从她嘴中说出。半年后，她竟一口气说出"婷婷要吃巧克力"7个字，这是婷婷有生以来说得最长的一句话，全家欢呼雀跃。几年前我曾经想过，如果女儿哪一天喊我一声"爸爸"，我能高兴得满地打滚。如今，女儿不仅会喊爸爸，还能完整地说七个字的短句了，天下还有比这更让人

101

高兴的事吗?

■ 玩字教学

"爸爸拉着婷婷的手,兴高采烈地到商场去买食品。爸爸买了一袋饼干、两块巧克力,还买了各种各样的糖果,这些都是婷婷最喜欢吃的东西,婷婷可高兴了。爸爸还买了妈妈爱吃的红枣,又给爷爷、奶奶买了一袋奶粉。今天下午,爸爸、妈妈还有婷婷,要带着奶粉去看望爷爷、奶奶。"就这样,我带着女儿不断地写"购物日记""看病日记""游玩日记""串门日记""上学日记"。每次写完,婷婷总是爱不释手,一遍又一遍兴致勃勃地读啊认啊,没想到居然很快进入了早期阅读状态。我把女儿学习书面语言的方法称为"母语玩字法"。"母语"好理解,就是本国语言、本民族语言。关键是一个"玩"字。不是识字,也不是认字,而是玩字。不管认识不认识,只管好玩不好玩。

汉字真是太神奇了,孩子的潜力也大得惊人。6岁时,女儿已经轻轻松松认识了2000多个汉字,能通读一般的儿童读物,并且体会到了学习的快乐,激发了强烈的求知欲,为她后来的成长打下了良好的基础。

我教女儿的第二招是尝甜头,让女儿尝成功的甜头,而不是失败的苦头。传统观念认为,努力导致成功。而我认为是成功诱发动力。对孩子幼小的心灵来说,往往看到成功的希望,才有努力的力量。积累小的成功才能化为大的胜利。

■ 让孩子尝甜头

记得女儿七岁刚接触应用题时,有一次,10道题只做对了1道,换了其他家长可能早就两记耳光过去了。错一道题还情有可原,错9道题那是不可饶恕的。

而我看到对的这道题，脑海里涌现出美国电影《师生情》里那位优秀的白人教师。他在给一名长期受到种族歧视的黑人孩子上课时，耐心地说："孩子，老师相信你是天下最好的孩子，是顶天立地的男子汉！你不要紧张，仔细数数老师这只手究竟有几只手指头？"那孩子缓缓地抬起头，涨红了脸，盯着老师的五个手指，数了半天，终于鼓起勇气，开口说："3只。""太好了，你简直太了不起了！一共就少数2只。"

这个片断，令我永生难忘，也给我莫大的启示。面对10道应用题，做错的题我没有打叉，做对的题打了大大的勾。而现在有的老师在批改作业时，孩子做对的题目只打小小的勾，生怕学生骄傲。做错的题目却打一个大大的叉，有时把纸都给戳穿了。

婷婷做对了一道题，我想到的是鼓励，想到的是她小时候蹒跚学步，我欢欣鼓舞的情景；想到的是她第一次喊爸爸，我泪流满面的情景。于是，我满怀深情地对她说："简直不可思议，这么小的年龄做这么难的题，第一次居然就做对了一道。"

婷婷露出了喜悦的表情，她还想进一步证明自己。"爸爸，你小时候，会不会做？"

"我肯定不敢做，像你这个年龄，这么难的应用题，爸爸连碰都不敢碰。"

婷婷顿时信心倍增，仿佛插上了飞翔的翅膀，自由地翱翔在数学知识的天空里，仅用3年时间学完了小学6年的数学课程，简直就是在"玩数学"。

后来女儿到美国念大学，成为首位在美国大学毕业的亚洲聋哑学生。

■ 首席顾问的评语

这位父亲不是一般人，他的毅力与坚持，世界罕有。他孩子的遭遇，也是罕见。这个家庭的历程，也不容易复制。刊登出来，让大家知道，比你更苦的家庭，都能克服如此多的困难，你家假如有孩子教得辛苦，多去请教专家，找出适合自己的方法吧。

鼓励比惩罚更有用。但需要家长加强这种修养。

给年轻人的5个建议

有些年轻人问，一生之中，理财有哪几个关键点？总结起来，大概有5个很实用的建议。

■ 第一个建议：年轻人储蓄每月工资的25%以上

"先储蓄后消费"，这是哈佛大学理财专业大一学生第一堂所学的，至理名言，不用多作解释。

当然，假如你工资太低时，应增加自身的谋生能力，将收入提高，或干一些兼职以提高收入。

■ 第二个建议：不要低估通胀的威力，每年5%通胀，银行存款购买力15年缩减一半

银行的存款，一定要找到每年5%的增长点，否则你的存款在购买力上是在萎缩，15年后缩减一半。房产、基金、国际市场，全部工具，都要考虑。

假设平均每年通胀率是6%，如果你将你的财产置之不理，那么12年后，通胀会将你原本的一百万元蚕食一半，你的财富最终会剩下不足五十万元。

■ 第三个建议：正确的消费观

不买不需要的东西，钱是买不到快乐的。

千万不要把钱当作追求的目标，追求家庭快乐是最重要的。

■ 第四个建议：三类保险是人生的必需品

除非你负担不起，否则以下三类保险是人生的必需品。

第一类：医疗保险及意外险

第二类：重大疾病险

第三类：人寿分红险

保险原则是将风险转移给保险公司。

■ 第五个建议： 股票、价值投资与中线是王道

年回报10%是目标，价值投资需要研究未来最赚钱的股票，需要阅读大量的财经资料，跟名师学，可能也是最好的途径。

股市两个大道理：

（1）股价是跟着盈利走的，所以你要研究出未来一年，利润能增加一倍的企业，在股价低位时便买进。

（2）股价一般是半年一个周期，周期分三个阶段：一是上升阶段；二是下跌阶段；三是徘徊阶段。

你只需要参与上升阶段，平均大概就是2至3个月而已。

05

退休安享晚年

却引起

家里的"世界大战"

> 【老公退休后突然猝死，两个家庭大战便开始】
> 【富也不能富孩子，富不过三代的悲哀】
> 【退休的关键：半份工作，维持三个收入来源】
> 【人生理财三个阶段的方向】
> 【企业员工的培训】

老公退休后突然猝死，两个家庭大战便开始

■ 同居十年

Zoey记得那是她护士学校毕业以后，去伟光的诊所应聘的时候。看见一身白衣的伟光，她心里说"天啊，怎么会有笑起来这么温暖的男人"。Zoey快不记得这一切是怎么开始的了。从孩提时代她就没有了父亲，她向只剩下模糊记忆的父亲的在天之灵倾诉心声。冥冥中她觉得是菩萨应许了她的心愿，才让她在初入社会的时候遇见了伟光。

伟光和他那脾气暴躁的老婆已经貌合神离好几年了。他们还有三个年幼的孩子，但是他的家里唯一缺少的就是爱情。唯有说到他的家庭的时候，伟光眼睛里的光芒才会暗淡下来。慢慢地，Zoey开始变得信赖他，依靠他，等她意识到自己爱上了伟光的时候，她已经深陷其中，无法抽离了。Zoey相信姻缘前定，伟光就是她结下的缘。她和伟光同居的那一年，他45岁，她26岁。

■ 生了两个孩子

几年的时间，她为伟光生了两个聪明可爱的儿子。两个孩子像伟光，乐观向上、精力充沛，同时也像Zoey，宽厚有礼、坚定自制。伟光一直没有离婚，他一个人在两个家庭间周旋。他常说这个世界上只有Zoey是最能体谅他的人，她就像他的避风港，当风暴到来的时候，她就是他最后的避风港。

对于生活，Zoey一直很满足。怀上第一个孩子的时候她就离开了诊所，全职在家。她有伟光，有两个孩子，朝来暮往，就这样过了10年。她喜欢这

种平静的、与世无争的生活，有人深爱着自己，守护着自己深爱的人，直到天荒地老……

天有不测风云，她记得那天，伟光电话里说自己刚参加完一场为期一周的学术报告会，他要开三个小时的车回家。她劝他，你休息一天明天再回来吧，开夜车太辛苦了。伟光都55岁了，这两年心脏一直不好，医生的工作又很繁忙，Zoey一直在为他担心。

伟光说我想快点回来看到你，不知道为什么，特别想现在就看到你。她记得自己在电话中笑着说："怎么听起来好像今天不见到我明天就见不到了一样。"

■ 坐在车上过世

一语成谶。那天晚上伟光一直没有回来。他开车的时候总是关掉手机，所以也联系不上他。她把两个孩子安排睡了以后，就提心吊胆地坐在沙发上等他。黎明时分，她在沙发上睡着了几分钟，梦里梦见伟光一直在叫她："Zoey，Zoey……"然后她被电话铃声惊醒了。电话里是一个冷冰冰的男人的声音，是个警察，他说伟光的车被发现停在了应急车道上，人在车里已经去世了。

她万万没想到，那一通匆忙的电话，竟然成了她和伟光之间最后的联系。

■ 两个家庭，两个女人

同样的，她事先也没想过自己会有一天不得不面对Mindy。Mindy是伟光名义上的妻子，她是个高高瘦瘦、看起来像石头一样冰冷和坚硬的女人。

伟光在世的时候，他就像一堵天然的绝缘层，把两个女人的世界彻底隔绝，她们知道彼此的存在，但是她们不必面对彼此。但是Zoey知道，在Mindy的眼里，Zoey就是个处心积虑的阴谋家、坏女人，就是那个一手导致了她婚姻悲剧的幕后黑手。

现在伟光不在了，Mindy更是把全部的怨念都投射在了Zoey和她的孩子们身上。伟光的葬礼上，Zoey想让两个孩子见父亲最后一面，但是Mindy就像疯子一样，和她的三个孩子还有她娘家的那些亲戚把Zoey母子挡在葬礼现场之外，不让他们进去。

最后Zoey和两个孩子终究还是没能参加伟光的葬礼，善良的她无法像那个疯狂的女人那样口不择言，她也不想伤害任何人。她和两个孩子，站在门外。两个孩子哭得不成样子，隔着一条马路给父亲最后行了礼。那天突然下起了雨，而她和两个孩子都完全想不起要打伞。

但是生活还得继续，两个孩子还小，她现在住的房子是伟光给她买的，房契上是两个人共同的名字。伟光年纪也还不算老，才55岁，所以也就一直没有立下什么遗嘱。

■ 家庭支柱不在，家里如何生活

但是事情往往没有那么简单。Mindy又找上门来了。

"我来收回我丈夫的财产。"Mindy冷冷地说，"我已经打听清楚了，你一直没有工作，你所有的一切都是伟光给你的，用的是我们夫妻共有的财产。现在伟光不在了，你得把钱还给我，包括房子。"

Zoey简直不相信自己的耳朵："我凭什么把房子和钱给你？你欺负我们母子不够，还想要把我们往死路上逼啊？"但是Mindy眼神冰冷，就像是看着垂死猎物的猛兽，她享受着Zoey的窘迫和痛苦，她想看着她挣扎死去的样子。

Zoey说："我们不能各退一步吗？我们这两个家庭，对伟光来说都是他的家，他的在天之灵肯定是不希望我们为财产争执的。现在您的三个孩子已经是十几岁的半大孩子，而我的两个孩子还小。按理我需要的钱更多，您又何必来难为我呢！"可是Zoey的哀求对Mindy来说毫无意义，她执意要夺走Zoey的一切。Zoey天生是个习惯了退让和忍耐的女人，虽然她无意争夺什么，但哭完之后，Zoey决定要起诉打官司，她已经忍无可忍。

■ 两个家庭的遗产大战

她没上过法庭，没打过官司，和Zoey关系很好的一位太太，非常同情Zoey的处境，给她推荐了一位专门负责离婚和财产继承分割的丁律师。他对Zoey的处境深表同情，鼓励她积极地去争取自己的权益："你对你先生的财产状况有多少了解？""了解不太多，我知道他在市中心有一套房产，是他买来投资的，房契上写的是他自己的名字。还有他和Mindy也有一套房产，是写的他们两个人共同的名字。"

两个家庭，因为一位共同亲人的去世，走进了旷日持久的遗产诉讼。因为，主要当事人去世时没有遗嘱，使得这场官司格外的拖沓和漫长。双方先在确定合法继承人一个问题上就纠缠了很久，因为Zoey和她的两个孩子没有名分，Mindy一方就在不能确定两个孩子和死者之间的关系上大做文章。

■ 5年的遗产大战

历尽艰辛终于确定了两个孩子有合法继承身份之后，对继承序列的争执、对财产本身价值的认定又是困难重重，反复的申请调查、取证，每一次取证之后又是漫长的等待……这漫长的、似乎永无休止的财产争夺大战，对双方都是一场极大的折磨。这场财产争夺大战持续了好几年，最终Mindy和Zoey都心力憔悴，争议的财产处于冻结状态，给两个家庭也带来了诸多的不便。最后在Zoey的让步下，双方和解，分配了财产，Zoey保有了自己的房产，两个孩子也从那套投资性房产中分得了应有的份额。但是现金、投资部分的财产，基本上Zoey一方都放弃了。

失之桑榆，得之东隅。虽然在财产争议官司上，Zoey损失不少，但是这几年她的两个孩子，在学业上蒸蒸日上，大儿子还被美国著名的商学院录取，拿了全额的奖学金。小儿子也是学校里的优等生。反观Mindy的三个孩子，伟光在世的时候，没少利用私人关系提携他们，但父亲一去世，他们失去了父亲的社会关系，都变得一事无成。

■ 首席顾问的评语

在这个案例中，男方没有做好安排，死后便是两个家庭两代人的大战。同居也可以视为是事实婚姻，打官司费时费事，法院也为难，最后判决，也最可能是平均分配，减去昂贵的律师费，所剩无几。假如女方知道，男方有两个家庭的，还是事先有份遗嘱，那事情便会简单得多。

退休要有好的规划，因为你的命有多长，不是你能计划的。这个故事中的主角，心脏病突发，死在车里，谁都想不到。到头来，便是两个女人斗得死去活来，5个孩子的身心都受到影响。

一两套房产，可以运用遗嘱的方式，每年一份遗嘱或家书，写上自己的所有资产，与你想的分配方法，发到你最信任的人手里，让他在你出事时，有所依据。

资产5套房产以上的大富人士，便适宜用家庭信托方式（后面有详细描述），最坏的做法是平均分配方式，"不能把太多钱留给孩子"是正确的理财规划，否则只会毁了孩子的谋生能力。

富也不能富孩子，富不过三代的悲哀

在美国，超级富翁 Warren Buffett, Bill Gates, 脸书 CEO Mark Zuckerberg 等人都将财产的七八成以上，捐作慈善用途，中国香港邵逸夫爵士及李嘉诚，也有这种洒脱，大部分不留给孩子，但也有部分富翁会将全部财富留给家人。结果很多富豪的财富都过不了二三代，因为留大量资产给后人，后人有太多依赖，都不会努力，只会花钱，到第三代都所剩无几。

现代人都在讨论：应该留给孩子智慧以及一些启动资金，留给孩子大量金钱可能会害了孩子，他（她）不再勤劳，钱太多便可能做出荒唐事。

在香港，家族信托开始流行，就是只留给孩子少部分资产，大部分资产事前写好用途，这样可以用上一百年，令第三代第四代的子孙得益，而不是由第二代花光。例如梅艳芳信托，沈殿霞信托，都将资产保护起来，不让第二代乱花钱。

■ 资产交由专家打理，以每年10%的增长为目标

在生活中，我们可以留心去结识房地产与股市专家，将资金分托几位投资经理，以利润分成为奖励，赚钱时分丰富的花红，亏损时只得微薄的工资的方式，让资产每年以10%的速度来增长。然后得到的利润，按照你定的方案发放给你的后人，由于都是有条件及有限的发放，每年的利润都用不完，便可以让本金滚存起来。

这样做的话，后人没法不劳而获，他们有自己的奋斗目标，例如他们要完成大学课程，才能拿到一些启动资金，读书时没太多钱给他们，也不提供所有毕业后的生活费，让他们必须努力赚回自己的生活费。又如可以提供一些资金让他们投资，因为只有投资能让他们致富。究竟提供多少次冒险资金，这便要靠当事人的决断来决定。投资亏损，他们也拿不到钱，只是赚了教训。每次提供资金也要适当，不能太多，大多应用借贷的方式，要让他们日后还，假如没还清债务，那日后便不能再借贷。这样有节制的支出，信托的利润足够应付，本金几乎没有缩小。

■ 美国富翁的传承智慧

美国富翁分财产的方式是很有智慧的。美国富翁都有共识，千万不要将财产平均分配给孩子，这样只会毁了你孩子的赚钱能力，花光后，财富留不到第三代。

正确的方式，是将资产指定给专业的投资经理人，让资产继续滚动，继续增值，然后将部分利润分配给后人，分配时要有分寸，只提供一半的生活费，让后代也需要为自己的生活难题尽力。例如：让后代完成大学教育，首期应付第一套房产，或提供一点创业基金。这样你的家庭信托资金，便不会用尽，还在每年增长，便足以富足几代。像摩根家族的信托一样。

■ 家庭信托的架构

在过世之前，将大部分资产（例如物业、股票、公司的股权）注入家族信托，找银行为信托人，信托人每年收取1%的管理费用。

委托执行人：必须是你信得过的人为主席，况且有一定的能力；银行只应该做信托人的委员，去执行你生前写下的条款。

银行账户分为资产账户（Capital Account）及支出账户（Current Account），资产账户为本金，留作投资物业或股票，支出账户为每年的收益，用作分派之用。

世界上有名的信托有Nobel奖金信托，有哈佛大学信托，它们出色在什么地方？就是投资得好，每年的收益拿出来用，本金永续在滚存，可以维持一百年以上时间。

■ 家族信托的条款，适合遗产3000万元以上人士

资产账户：投资在物业、股市或其他生意；谁去管理最为重要。可设立不同专业的小组，管理得好，收益可大大增加；反过来，管理不善，逐年亏损，最后信托没钱便结束。

支出账户条款比较简单，便是用来支持后裔的重要的培训费用，这里给出一些做参考。

1岁时：购买人寿及医疗保险，10年内缴清，让子孙们有终身的保障。

10岁至20岁时：提供一些援助，例如兴趣班学习，每年10万元。

15岁以上：兼职工作收入，赚1元，奖励1元，奖励他们工作赚钱。

18岁：所有大学费用，5成硕士以上费用。

20岁以上：学习课程，例如投资楼市、投资股市、投资其他生意，经营生意技巧等课程，每年报销20万元，至40岁。

23岁毕业后：启动资金100万元，让他们自由发挥，做生意，或投资，或置业。

28岁以上：（1）支持第一次置家补助1百万或购房的5成资金，以最低为准。（2）做生意可以从信托借贷，借贷300万元以内，5年内清还。不还清，则没有第二次借贷。

30岁后：有孙子的奖励。其他条款由当事人来定。

■ 最有名的例子：梅艳芳的遗产信托与沈殿霞的遗产信托

1．梅艳芳，香港一代歌后，在40岁左右，因癌症去世，没有结婚，没有老公与孩子，剩下老妈与一位不务正业的哥哥。梅艳芳在世时，老哥已借贷不少于1千万港元，说是去做生意，其实在是挥霍钱财。

没有孩子与老公，妈妈与哥哥便是唯一的继承人，她知道哥哥的挥霍，于是在生前，委托了银行做信托，每月付10万港元生活费给家人，其他留在信托，继续滚存，假如信托管理得好的话，支付可以维持200年。

妈妈活到90岁，还好有了信托，哥哥没法得到庞大的财产，没法挥霍，只能老老实实地花她留下的每月生活费，对一般人而言，每月10万港元生活费，谁都能活得很滋润。

2．沈殿霞在60岁左右，便因病过世，留下丰厚的遗产。她只有一个女儿，在加拿大留学。她担心女儿少不更事，遗产很容易给她男朋友拿去挥霍，所以也委托了亲戚，成立了信托，每月给女儿生活费，其他财产继续滚存，保证女儿一辈子用不完。

以上都是实际的例子，假如孩子不是很自律的话，留给孩子太多的钱财，只会导致他们挥霍无度，自己不努力，做个永远的啃老族。所以有句老话，"富不过三代"，原因是第二代已经挥霍大半乃至所有资产，没留下什么给第三代，第三代只能回到一般人的状态。

应该在老年时，成立一个家庭信托，委托专业人士来打理，当一般生意经营下去，只将利润的一部分，做为生活费支付给亲人，这样两全齐美，既可照顾亲人，不让他挥霍，资产继续滚存，到孩子有出息时，可以再给他创业资金，让他有个好点的起跑线。

退休的关键：
半份工作，维持三个收入来源

■ 退而不休，是最佳的安排

退休不一定是享福，没准还是个灾难。事实上，有人退休后根本是无聊至极，没有任何收入，消费却一直没降下来，还可能比有工作时还增加，工作时没时间去消费。假如你的投资组合只有3%~5%回报，根本不够你消费，这就是灾难。尤其是现代人的生命，比以前延长10年以上。正当的做法，应该是"退而不休"，在正常的工作岗位退下来，但在别的较为轻松的岗位去做半份工作。下面详细描述。

由于现代医疗好，人的生命比以前可多活10多年。回想30年前，人的平均年龄是72岁，现在人的平均年龄是84岁，听预测说，再过50年后，平均年龄可以延长到90岁。现在应该说中年是从40岁至70岁，老年要从70岁以上才算，很多国家已逐步延长退休年龄。

■ 北欧改革退休制度，引领全球

用工思想最先进的要算北欧国家，芬兰干脆取消退休制度，你干到什么年龄都可以。一般企业会将比较轻松的位置留给老人，工资按照贡献来分配，可以干压力不大的工种。退休金可以延后到65岁甚至70岁才拿，拿取的金额比60岁时拿高出不少，因为这些退休金还在积累，还在滚存。

■ 退休三大关键，在退休前两三年便要策划

在我们的研究中，退休人士要活得精彩，以下三个关键点要达到：

——必须刻意安排半份工作，维持三种收入来源。

——组合年回报不少于10%。

——维持两个以上的兴趣圈的同年朋友，继续另一种生活。

1. 安排半份工作

假如是老板，这便是很容易的安排，可以做到不能动为止，有工作有尊严。但是这对打工者却很难，单位逼着你退下，所以你在退休前3年就要有所准备，留意寻找退休后的工作，这样你便能办得到。以下是几个成功安排半份工作的例子。

首先多联系你旁边做生意成功的朋友，朋友公司肯定要聘员工，逐步要求你的老板朋友安排一个轻松位置；在老板的角度，假如他有心安排便能做到。实例如下：

（1）有朋友在女婿的贸易公司，做快递工作，每天也就半天的工作量，送文件、收文件，半天劳动，身体比以前坐办公室更健康。

（2）帮朋友跑外省业务，每月出差一次，每次一两周，专门跑外省，生意靠关系，跟你熟便有生意，这是体力活，每月工作一半时间也不算累。

（3）退休后，开个小咖啡店，朋友本身爱吃，自己懂得做点心，聘两位兼职员工帮忙，忙碌的时候坐阵咖啡厅，工作半天，工作多在筹划与初期的执行，稳定后聘人来做。既有收入，又有正当职位，生活愉快至极，比无聊地待在家里强多了。不用赚很多，只需要够生活费便行，所以一直卖得价格优惠，吸引着附近的白领光顾。

维持三个收入来源：

（1）半份工作收入。

（2）房产收租，市场规律约为3%。

（3）孩子的家用，或股票收入（这要学习研究最赚钱的企业，要个人有兴趣才能达到）。

2．组合年回报率要达到10%以上

这个是最难的，必须要在50岁左右，便着手规划。人的工资收入，最高峰是30岁至50岁，其时的收入，可能是唯一的收入，占100%。正如我们所提倡，每人必须有三种收入来源，40岁前，可能都忙在供车供楼房供孩子，没有闲余的时间去考虑别的事情。40岁后，便安稳下来，应该策划第二个收入来源，例如：兼职、投资楼房等。40岁后，工资收入占90%，其他收入占10%。

50岁后，投资股市，投资小生意，投资海外等等都应该考虑，当然投资前要做功课，所有投资都有风险，你认识越透彻，风险便越低。50岁后，工资收入占比降低为70%，其他收入占比提高至30%。

55岁后，工资占比降低为50%，其他收入占比提高至50%；60岁后，假如还能找到半份工作，工资占比降低至25%，其他收入占比75%，生活费照样赚到，对退休后的生活几乎没太大影响。假如找不到半份工作，你的工资占比便变成零，其他收入占比也起码要50%，生活肯定因为没收入而受到影响，要减少消费，省吃俭用。

假如你50岁时，已经开始你其他投资收入的规划，而且也摸到成功的方法，那回报10%是没问题的。假如你是工程师，投资的初学者，那你要赶紧去学投资方法，市面上有很多专业课程，不能不学无术。正确态度是永远学习，没什么是可以难倒你，不懂不是借口，赶快去学习，扩宽你的眼界与高度。

3．另一种生活的开始

工作不但可以有点儿收入，最重要的还是不跟社会脱节，还有工作上的朋友，都是一乐。半天工作还有半天空闲，空闲时间更加珍惜，"退休便享有每天半天休息，这就是快乐"。

可以将以前的兴趣拿来发挥，还可以参加一些同龄人的活动，认识另一个圈子的朋友。每天干三种事：工作半天，2个小时娱乐，2个小时参加活动（或带带孙子）；这样退休生活便很充实，是另一种人生的开始，好好珍惜。

人生理财
三个阶段的方向

年青一代：20岁到35岁

学习技能，投资自己

每月存收入的 25%，存起来才是你的财富
（正确消费观：不买不必要的东西，不追求名牌）

买第一套房，选择市场低迷的时机

人生理财
三个阶段的方向
中年时代：36岁到50岁

需要三个收入来源

每5年买一套房

反向思维，要多想失败时的退路

人生理财
三个阶段的方向
中老一代：50岁到70岁

退而不休：半份工作，
维持三个收入来源

学懂投资技术，
保持年回报10%

家庭和谐，
是快乐的来源

人生理财
女性理财的特点

人生伴侣，人品最重要；钱不代表一切

专业技能，维持谋生技能

名下一套房，保障未来

减低消费的欲望，不要攀比，
快乐不需要太多的钱

企业员工的培训

我于2006年出版了第一册书《留出你过冬的粮食：应付人生10大困境》，在书里提倡读者尽快买房，以及购买保险保障家庭。大部分读者都得到启发，如果以上两件理财事办好，大部分读者在10年后的今天，应该已达到小康阶段甚至小富阶段，人生有了理财保障。以下是为一些保险公司、银行、证券公司举办的讲座，将我们的理财理念宣扬出去，照片附录在后。

【2018年】

人生理财有三个不同阶段，年轻的（20岁到35岁），中年的（36岁到50岁），中老年的（51岁到70岁）。到中老年时，房子应该供满，孩子念书也快大学毕业，以后便是资产如何保值，如何维持年回报率10%的目标。除此之外，更要注重家庭的和谐，快乐不是钱能买回来的，要用心，要用爱与德换来家庭的幸福。

现在的理财讲座，买房已经不需要讲，人人都在做，保险大部分人也购买了，现在是更要仔细的财务概念，来保障财富不要流失，与一些新的概念。例如：

◎ 人生中老年的理财策划，维持三个收入来源非常重要；

◎ 人生最重要的5个理财锦囊：其中一个重要智慧是反向思维，50%思考退路；

◎ 欲望是无穷无尽的，要有正当的消费观；

◎ 快乐是不需要太多钱财的，家庭和谐才是快乐的来源；

◎ 千万不要富孩子，富不过三代，如何有效地规划财富传承；

◎ 年回报率10%，听听两届股市冠军分享，价值投资，有利可图；

◎ 如何应对未来的房产税，太多房子也不一定是好事；

◎ "一带一路"，老百姓如何得到利益。

笔者在不同企业做的员工培训，以下是讲座的一些照片。

佛山讲座

"留给你过冬的粮食"

人生理财讲座

感恩之心

优米网现场

宁波讲座

中国平安特邀

陈作者教授VIP理财分享会

北京新闻广播
AM828 FM100.6

北京电台

2008/12/

北京电台

北京新闻广播
AM828 FM100.6

北京电台

2009/06/03

山东总裁高峰会

山东东营合照

山东签售会

山东日照气球

留出你过冬的粮食

杭州方太厨具
客户讲座

美国友邦
客户讲座

中国平安人寿
客户讲座

财经新网

新浪网

CCTV采访

北京专场高峰会

中国移动名家讲堂

图书签售会

06

快乐不需要太多的钱财

> 【林青霞的大厨，曾经是亿万富翁】

> 【应付企业 10 大困境】

林青霞的大厨，曾经是亿万富翁

■ 走过高山低谷的五味人生

回忆，是什么味道？对64岁的行政总厨钟先生来说，回忆复杂过画一幅曼陀罗。荔枝沙巴雪饼的甜、三色菠萝咕噜肉的酸、凉瓜烙的苦、四川水煮鱼的辣、香煎马友咸鱼肉饼铁煲饭的咸……还有年轻时花天酒地傲慢的醉，和一无所有后新知旧语的冷嘲热讽，混调成五味杂陈的人生。那天，我们围着喝完香槟、红酒再来威士忌，钟先生娓娓道来他跌宕起伏的大半生。

"自始至终我没有想过入这行，完全风马牛不相及，想不到我会拿着易洁锅煮出彩虹。"没想到，围裙背后的大厨，原是贸易公司老板，充其量只学过36堂厨艺班，烹调本领无师自通，很多创意菜肴的领悟与发现，各自有各自的因缘。"我本是创业者，创业者是要做出看不见的未来，不要怕，否则就当不成创业者。"谈到新菜研发，钟先生如此说。不耻下问是他的强项。什么叫肉骨茶？他吃得多又靠做实验，便知什么叫白水黑水，有什么成分。"我问一位老婆婆白咖喱怎样煮呢？她说，不放黄酱和色素便是白色。有道理，于是我放椰汁令咖喱更白，这白咖喱一卖便十多年。"

钟先生早先原是某大洋行的销售经理，主要代理眼镜进口，Christian Dior，YSL，Pierre Cardin都是他一手引入香港，再带到东南亚，后来他更自立门户办厂，做得风生水起，那时赚钱比挥霍还要容易，他二三十岁已掘到第一桶金。

当时他的座驾有四辆，其中他最爱一辆保时捷911，1992年他以120万元购入。"那时做生意市场资金泛滥，我的私人透支也过千万元，超大平米的写字楼，我个人办公司就占了一半，有现金便不断投资。"

临近1997年，钟先生移民加拿大，连护照都批了，当地车牌也办下来了，一个金融风暴巨浪卷来，他变得一无所有，而且负债累累。

"一刹那的光辉不是永恒，这真是金句。"告别十多年风光，钟先生回忆时如是说。

"很头痛，刚巧女儿出世，当时我真是人又老，钱又少，真的很痛苦、很痛苦。"他走遍整条弥敦道找财务公司，"好天就是扶手棒，下雨便是撕命藤"。资不抵债数目太大，钟先生终于走上不归之路，申请破产清盘。

从零开始，1999年夫妇俩在筲箕湾开餐厅，"茶餐厅确实可以做，作为创业者要看准时机，我们决定卖沙拉和海南鸡饭。"餐厅街知巷闻，然而因为一场车祸，令钟先生夫妇成为焦点。

"车子全毁了，我太太从车里爬出来，不是上救护车送医院，而是立即返回餐厅打点一切。见她这样我觉得很凄凉，当场流了眼泪。"钟太负伤提着大包小包的食材赶回餐厅，一大班记者好奇地跟着她回来，追访了他们的故事，翌日全部头版报道。他不敢打开报纸，觉得许多的屈辱就在字里行间。"什么落难富豪沦落做厨师，觉得很丢人。家里愁云惨雾，一家人围在一起哭不知怎么好。习惯威风的人一无所有，而更惨的是全世界都知道你一无所有。"我曾满脑子疑惑，究竟意志有多强的人，才会不顾自身安危，把责任一个人扛在身上？女人不一定懂得撒娇才成功，当她要捍卫一种精神，会变成生活中的强者。

■ 老婆是宇宙最强

"风暴过后，我好似一棵被狂风蹂躏过的大树，差点被连根拔起，在旁撑住的就是老婆。本来我是个大男人，现在变成小男人，因为她比我强，到今日今时我仍然很服她。"

■ 林青霞家厨收到"最佳大厨"感谢信

餐厅无奈结业，他有机会到飞鹅山当家厨，却并不知道，那是大美人林青霞的家。"很多厨师参加试菜，也试了很多次。最终胜出的我并非靠煮鲍鱼翅肚，而是赢在家常小菜，咕噜肉、梅菜蒸大鱼鲛、蒜泥白肉，都是最简单的家常菜。"

钟先生坦言人生得到两个"最佳"而骄傲。"一个在大昌集团的最佳销售员，另一个是林小姐给我的'最佳大厨'的感谢信，这两个最佳令我很自豪。"

■ 我曾经拥有

我常觉得厨房门后面隐藏另一个世界，灼热的空气，火光熊熊，锅铲挥舞的敲击声，犹如战场。30多年厨师生涯，钟先生的日子大部分是这样过的：每天工作10多个小时，凌晨一两点回家才胡乱吃点填饱肚子。他形容那一餐……"不知是最早的早餐，还是最晚的晚餐"。一天他就吃这么一餐。

"厨师还有很多职业病，腰酸背痛，有时饭下咽前先吃两粒止痛片。"顺境里有人生，逆境里也有人生。"我今年64岁，剩下的日子可以用倒数来形容。"钟先生笑说，"运气好的话能活到80岁，如果我只有70多岁的寿命，距今只是几年后的事，人生很短暂，我有什么要求呢？"钟先生点起雪茄，烟雾萦绕着房间，模糊了他的脸。

曾经拥有过很多，现在用多少、有多少对他来说都一样，只是数字而已。

■ 首席顾问的评语

在钟先生全盛的年代，他有四套房、四部车，一个金融风暴他便破产。原因是高银行按揭，买楼房只付一成首期，九成银行按揭，金融风暴一来，楼房价格跌一半，例如1千万变5百万，按揭还有9百万，房产只值5百万，资不抵债，银行马上充公房产，拍卖以后你还欠银行4百万。所有车子都卖掉还不够还债，最后只能破产。破产后，还要重新找新的生活来源，实属不易。

一刹那的光辉不是永恒，这真是金句。

当然无人预知，十年才一遇的金融危机什么时候来临；当然无人预知，房地产可以跌一半，一般调整都是 -10%至-20%，而且调整时间一年左右。事件发生在1997年，世界金融危机，经济低迷，在底部徘徊5年，大多数人的财力不够撑过5年的徘徊期。当年金融危机的5年，香港超过5万人破产，钟先生不是唯一的，却可能是最出名的。他家人从天堂掉到地狱，也不是一般人能承受得来。他老婆的勇气与意志，支撑着整个家庭，真难得，这个女人没有离开他，一定是真爱。

他的人生，最大的幸福不是金钱，是老婆的爱，虽然从此过不了富翁的生活，但还能过一般人的生活。人生最重要的是珍惜现在的幸福。

■ 人的一生中，只是追求物质享受那将是无聊的

我们没有能力成为马云，也当不成能神奇翻身的史玉柱，我们也不用羡慕富二代的众多跑车与女朋友，人的欲望是无尽无穷的，永不满足。大富做不了，生活压力也少；中富做不了，大部分人也就是做个中产。

假如我们有正确的消费观，别人开什么车我不攀比，自己能有部二手小破

车代步，也能去到目的地。减少我们的欲望追求，多花时间去建设一个美满的家，经营一份充实的感情，其实生活已经不错。这个故事中的主角最后做到出色的厨师，不愁生活，也可以活得精彩，不需要跑车衬托，内心快乐、家庭快乐也就可以了。

当你把追求金钱为人生的全部目标时，你会迷失自己，同时也放弃了其他三种财富：家庭，快乐与健康。

人的追求，家庭美满与快乐而已，钱多钱少，其实都没有太大的关系。

第一章里经历父母自杀的女孩，钱对她是不重要的，她只需要一个完整的家。第二章王太太需要的是男人的爱与关心，而不是钱。这位大厨，应该放开对以前的思念，好好活在当前，有一位愿意为你受苦的老婆和出色、孝顺的孩子以及厨师事业做得受人欣赏，便已经是美满的人生，没有遗憾了。

■ 他的人生，引出的理财教训

买房，尽量多付首期，付五成首期最好，这样房租便可盖过每月银行供款。付1至2成首期，其实是有风险的，万一出现大的调整，底部徘徊时间长，我们的房子便保不住，损失所有首期，还要倒欠银行一些债，我们的黄金20年也几乎完蛋了，不可不防。他的不幸，告诉我们以后买房时要审慎，他的经验值得我们借鉴与总结，来保障我们的后来。买房子要有3至5成的首期，才应该去买，这才算是没风险。

快乐不需要太多的钱财

因为快乐并不依赖任何东西，它只是一种态度；

快乐不需要更多的钱或更大的房子，

需要的只是时间与心境。试着不必有任何理由而快乐，

你将会感到惊讶！

你可以根本没有任何理由地快乐，

只要你决定要快乐，就可以快乐起来，

就是这么简单。

过度的欲望，只会带来抱怨、压力与痛苦。

适当的欲望，带来进步的压力，让你赚多些钱，生命必须有点压力。

让你买楼买车，但不是让你去攀比，过度的欲望，不会带来快

乐与满足，只会带来抱怨、压力与痛苦。

快乐不需要太多的钱财

这就好像吃甜品一样，一小块带来快乐，

一大块带来肥胖与无尽的烦恼。

你留意过你的欲望或你太太的欲望吗？

太太的名贵包包，无穷无尽，没完没了。

你要跟你的或你家人的过度欲望彻底告别，

不要让它蔓延在家里。

你想得到一百万，现在你得到了，

然而你为什么还不满足呢？

因为现在你又开始创造出新的欲望，

开始期待新的未来：一千万。

没错，得到一百万之后，下个目标就是一千万，

这就是为什么你一直不满足的原因。

你也许想买一栋房子，那栋漂亮的房子你想了好几年，

你努力工作好几年，现在房子是你的了，

但你依旧不满足，因为在几天或几年后，

你又有了新的欲求。

快乐不需要太多的钱财

"知足常乐，平安是福"原来是真的。

适当的钱是必须的，大量的钱却只会带来更多的欲望，随后便带来痛苦。

过度的欲望便是家里的病毒，应该彻底消灭。

现代社会，天天都有人与欲望魔鬼交易，

男人出卖灵魂，女人出卖身体，贪腐出卖良知，

只为了永无止境的金钱。

在世上，每个人都可以选择自己的人生路与人生观。

诺贝尔（Alfred Nobel）说过：

"金钱这种东西，只要能解决个人的生活就行，若是过多了，它会成为遏制人类才能的祸害。"

钱不是生命的目的，而是生活的工具。

心灵的富有才是真正的富裕。

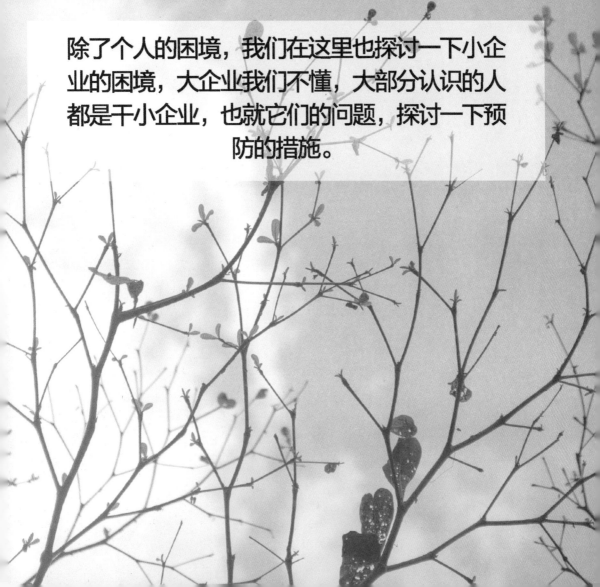

应付企业
10大 困境

除了个人的困境，我们在这里也探讨一下小企业的困境，大企业我们不懂，大部分认识的人都是干小企业，也就它们的问题，探讨一下预防的措施。

- 搭档闹不和，拆伙。

- 最得力的助理，离开时一并拿走你众多客户的档案。

- 扩张太快，周转不灵。

- 政府部门，限制越来越多，绑手绑脚。

- 新科技一出现，生意跌一半，马上亏损。

- 出纳偷走了一大笔钱。

- 企业没新意，员工散漫，关门先兆。

- 做了30年，人很累，没接班人，孩子不感兴趣。

- 竞争对手恶意中伤，媒体炒作起来，企业业务一落千丈。

- 股权分散在多个家人当中，父亲过世后，兄弟姐妹意见不一致，最后企业关门，各分身家。

01 搭档不和

　　无论他的专业水平多高，选择搭档最重要的是他是否有正义感和一颗善良的心，能不能为他人着想。无数的合伙企业失败，亏钱时还团结，反而是赚钱分红时，闹个你死我活，最后不欢而散。小企业没成长，便已经倒塌。

　　合伙前想象得太美好，没考虑更深一层的因素，人心是最难看懂的，合伙人互不相让，最后以悲剧收场居多。

　　合伙之后是共同相处一段时间，在大家还是理智的情况下，大家坦诚探讨各种可能性，有差异时如何处理要讨论出来，不要等到事情发生后才讨论。合伙时情愿步伐慢点，甚至要考虑放弃。有时放弃一个合作，反而是上策——到头来惹出一大堆麻烦，不如不干。事缓即圆，放慢脚步，找对人，保证看法一致，用投票机制，少数服从多数，试试平常合作上有差异时，解决机制能否有效，其实最终还是人性的取舍。人性难测，千古不变。没有完美的答案。

02

员工离开时，带走客户资源

客户资源是企业最重要的资源，理应在开始的时候，便有安全的考虑，电脑文件要设密码，交由行政部管理，不可以让不相关的业务员随意浏览。要设立密码及权限，经理与董事要定期检查程序，将漏洞堵塞。

在小企业中，老板必须静下心来思考未来。老板不能太忙，因为将来的规划与企业安全的管理，全靠老板一个人的思考，要学会反向思维，想想内部的各种有可能出现的不好情况，并写在记事本上，一项一项地找同事去解决，这样企业才会长远。

多思考失败，反而会保障未来的成功。

03 扩张太快，资金断裂

最常见的企业失败原因：老板脑袋一热，多开几个店，扩张到外省甚至国外，都是企业常见的事。这种头脑发热的扩张，失败几率占七八成。生意猛然增长，要考虑到经营模式是否有长久性，很多时候是偶然好运几年而已，不会长久。

到时候，成本增高一倍，员工多三成，最终还要反过来裁员，减成本。

扩张再收拾，忙是够忙的，但钱没多赚。不如不扩充，严格控制成本，偶然性的业务增长，就好好享受多出来的利润。

04 政府部门的干涉

企业大到一定规模的地步后，适宜聘请一位专业员工，专门去和政府部门打交道。不该省的地方千万别省，这是经营成本。理顺关系，以后的路便好走一点。

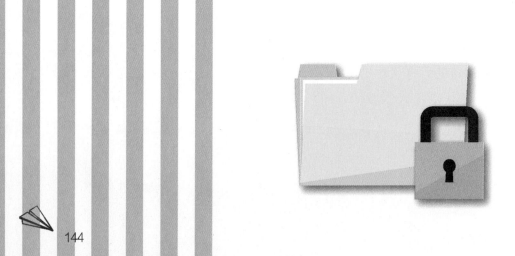

05 新科技

现在新科技的杀伤力很大，你看滴滴快车一出现后，出租车的生意立即减少二到三成。其他企业更不用说，生意跌一半都正常，这是网络大趋势所然，门市的生意都受到网店的影响，此为社会进步，是没办法的事。正所谓长江后浪推前浪，你的企业已经赚了10多年，现在轮到别人去赚，这也是各凭本事，各安天命。

06 *出纳偷钱*

　　小企业中的内部漏洞太多，老板一个人忙不过来。敏感的职位聘请员工时，便应该考虑对方的可靠性及相关风险。如果老板太年轻，又没经验，只能是他自己的疏忽，就当交学费吧。

07 企业没新意

　　这是小企业的通病，经营10多年，都没新意，产品老旧，一直在吃老本。老板也年老，没闯劲。社会大趋势是长江后浪推前浪的。要么交给有创意的人去打理，给他股份，要么逐步收缩，关门去享福。

没有接班人

家里没接班人，可以考虑外人。生意只传给家里人，这种思维太老旧，生意做不大。交给专业经理人，让出适当股份，合作共赢，正是我们理财锦囊中的一项法宝。

一个人掌控的小企业，最终必然老化与关门。

企业传承的事，在生意稳定时便要开始策划。员工可以没创意，老板却不行。当生意稳定时，你可以交给员工去打理，但必须做好奖励及惩罚，赏罚分明，必有勇夫。同时财务人员要直接归你管，要独立于营业部门，可以有权去监察营业部或提出建议给营业部，以防不测。你不在的三个月或半年，都能运作正常，那你的管理便上了一个台阶。

老板的责任，便是去寻找新的商机，平衡风险，找到更多的收入来源与新的生意。每个小生意都可以在稳定时，交给你信赖的出色员工，这样才能培养出人才并心甘情愿跟着你走。有适当的奖励，甚至是股权，都可以考虑给，让打理生意的负责人，拿到能成为小老板的报酬，更加忠心地为你办事。

09 竞争对手在媒体抹黑你

　　我见过最严重的一个例子，是香港一家洗发水企业被竞争对手说洗发水中的成分会致癌，媒体集体起哄，该企业洗发水业务一下子跌了七八成，上市公司由超赚钱到马上亏损，后来连续三四年严重亏损，差不多要关门。

　　当你的企业有一定规模时，你要环顾一下周围，是否有恶意的竞争者，用"脏水"来泼你。要培养危机意识和准备好若相关事件发生后，相应的处理预案。

有个例子：一位父亲经营30年的酒楼，招牌菜在当地相当有名气，买下酒楼3层楼，不用再交租，菜价还维持中等水平，生意一直很火。六个子女和母亲各在酒楼任不同职位。父亲健在时，大家都听话，每人拥有10%的股份，父亲持有其余的30%。

父亲过世后，30%放到银行信托基金，银行经理不方便参与经营，变成家人。但拿到10%股份的人，山头出现，分成两派。一派希望卖掉酒楼，各分现金享福去，一派希望继续经营。讨论一年多没结果，两派势成水火，互不通话，一家人变为仇人。最后告上法院，法院判决清盘。

美国一位富翁曾透露过，"传承的理财规划，就是不要平均分配给家人"，这样做只会内讧，成为富不过三代的典型案例。

应该采用的方法是：指定酒楼的接班人，定下他每年的盈利目标，如果没法达到，换一个人来经营，让后人互相"竞争上岗"。定下底线，亏损多少便要退位。这样任何时间都有一个负责人，不会每件事都开会，投票吵翻天。后人没法做好，可以寻找职业经理人，这样就是能者上岗，不是亲人上岗。传位给最能干的，而不是有血缘关系的人，这才是企业应有的经营之道。不要因为血缘便放弃经营的原则，后人可以分钱，但不需要参与经营，经营者中有太多亲属，是家庭企业的一大弊病。

07

理财不难
遭亲人背叛才是最难的

> 【亲人背叛，感觉比死更难受】
> 【中年人失业】
> 【人生有可能的变幻】

亲人背叛，感觉比死更难受

Ann说她昨晚又做梦了，梦见了她的儿子Luke，梦里他是个小孩子的模样。她努力地想去看清他的眉眼，但是模模糊糊地看不清楚，他在哭，他在叫："妈妈，妈妈抱抱我。"她努力地在一大堆玩具里面寻找儿子，但是她怎么也抓不住他的小手……然后她醒了，发现枕头湿了一块，然后她抱着枕头又一次看着电视坐到了天明。

Ann说她以为自己再也不会怀念过去了，可是来到墨尔本以后，每到阴天下雨的时候，她的心情依旧还是会莫名其妙地变得糟糕，她说她一生里总是和雨天纠缠不清。她记得Luke出生的那个雷雨之夜以及她和Luke最后的争吵也是个雨天。时间会慢慢让伤痛磨平，时间愈久，伤痕就越浅，Ann学会和她的回忆和平相处。

■ 回想15年前

Ann和前夫阿康闹离婚的时候，大女儿Emma已经懂事了，并且是住在寄宿学校里，离婚这件事对女儿的影响相对而言还比较小。但是当时Luke只有两岁，属于对这个世界上一切的事情都似懂非懂的年纪。Ann一直觉得当年家里那些残酷的争吵，给Luke造成了很大的影响。Luke放下玩具冲过来，抱着妈妈的腿，想用自己小小的身体去平息大人之间的怒火，Ann尖叫着让保姆把孩子抱走，Luke被抱走的时候撕心裂肺地哭着，张开他的小手叫"妈咪抱我"。

但是当时她完全控制不住自己了。在这之前她已经在这段不幸的婚姻里默默忍耐了很多年，阿康懒惰、酗酒、赌博这她都能忍，直到她发现了阿康劈腿，之前的忍耐就像被压抑了几个世纪的火山，在一瞬间喷发毁灭了她的世界。

离婚后的日子里，Ann像变了一个人，她全身心地投入到自己的商贸公司的业务里，那时候生意好做，她又足够努力，所谓情场失意商场得意，她的生意也越做越大。某种意义上她是从生活里逃走了，她躲进了她的工作里。Ann的贸易公司那几年生意越做越大，她也越来越忙碌，虽然她是那么的爱Luke，但她忙到几乎完全没有时间去陪孩子。

Ann记得有一次自己因为公司的业务繁忙，连续在国外跑了一个多月没有回家，刚一下飞机，还在回家的路上就接到校长的电话，说Luke在学校里又闯了祸。被工作折磨得精疲力竭的她一下子情绪失控：为什么这个孩子就这么不省心，为什么我这么忙他还要不停地添乱？回到家，Luke像往常一样冲上来想用拥抱迎接妈妈。她一把推开Luke，然后不由分说地打了他一顿，并逼孩子发誓再也不会犯错了。那天晚上Luke睡下后，稚嫩的小脸上还带着泪痕。Ann看着儿子，他梦里还时不时地抽泣一下。她睡不着，起来翻看儿子的绘画本。

她不在家的这些天里，儿子画了很多画。她一页一页地翻过去看：妈妈带我去动物园，妈妈陪我骑单车，妈妈给我买冰淇淋吃……看着看着，Ann不知不觉地发现自己的眼泪已经流了下来。她不记得自己上次带孩子出去玩是半年前还是一年前的事情了，但是孩子一直还记得。

画的最后一页，是一朵康乃馨干花的标本。儿子在旁边写道："今天是母亲节，妈妈不在家，我学会了做干花，等妈妈回家送给她。"Ann再也忍不住了，她坐在衣帽间的角落里，抱着儿子准备送给她的干花标本泣不成声。在内心深处，Ann觉得自己很亏欠孩子，所以她在物质上尽可能地满足孩子，送他去最好的学校，成堆成堆地买玩具，试图以此来弥补他。Ann一直知道她应该多点时间陪陪孩子，可是她总是没有时间。这种忙碌是自己有意为之的吗？她有时会在心底深处暗暗自问。也许忙过这段时间就好了，我得养两个孩子，我没有选择，她就这样一直安慰自己。

时间倏忽而过，很快Luke就褪去了天真的童稚，长成了一个半大的少年。在Ann忽视他的那几年里，孩子通过胡闹、乱花钱来引起妈妈注意的那种习惯已经深深地嵌入了他的性格，成为了Luke个性里无法去除的一部分。有段时间，Ann一接到学校打来的电话就马上变得无比焦虑，学校校长一再地打电话给Ann，向她抱怨Luke在学校每况愈下的表现。Ann有些着急了，她其实对儿子比对女儿有更高的期待。Ann不明白自己那一向乖巧的儿子怎么突然之间就变了，儿子小时候也很淘气，但是每次犯了错就抱着她的腿求饶，又是亲亲又是撒娇，然后她的气就烟消云散了。但是现在却常常是一副满不在乎的样子，完全不把学校里的那些警告放在心上，反正不管犯了天大的错，妈妈总会替他兜着。如果Ann对他的批评重了点，他就赌气躲在房间里不吃不喝，没两天Ann又会心软去讨好他、劝他。Ann说其实她现在生意这么大，有时侯想想真没必要太逼迫孩子，只要Luke是每天开开心心的，她就心满意足了。

Ann有时侯觉得Luke像极了她的前夫阿康：英俊帅气、聪慧机智，还有那无法被看穿的眼神。但是儿子犯的错，她这个当妈妈的需要帮忙弥补，她总不能看着儿子被学校开除吧。好在那时候公司各方面都上了正轨，对比之前她有更多的时间关注儿子的成长。每当Luke因为恶作剧或者霸凌同学要被学校开除的时候，Ann都会想方设法帮他再换个学校就读。整个中学期间，儿子换了三个学校，最后总算毕业了。

■ 送去国外念书

中三时，Luke提出要去英国读书。于是Ann忍着离别的痛苦，把Luke送去了英国。

这期间发生了另一件事情，她的前夫阿康离婚后过了一段逍遥自在的生活，最终导致了坐吃山空，很快又因为赌钱、玩乐把离婚分的钱挥霍一空了。阿康越来越潦倒，他看Ann这些年来都是一个人打拼，生意越做越大，他回来求复合。但是Ann已经对这个人看透了，她已经过了轻信别人的年纪了。但是女人终究有些心软，毕竟他是孩子们的父亲，孩子们也不希望看着父亲穷困潦倒的样子。于是Ann就在公司里给阿康安排了个经理的位置，只要他不惹事生非，即使整天无所事事Ann也不去管他，给他口饭吃也算给孩子们一个交代。

转眼Luke在英国的大学毕业了，也到了该立业的年纪。Luke对Ann说他想回妈妈的公司里帮忙。可是Ann却对儿子另有安排，她劝说他留在英国工作，她希望他能在社会上多历练历练，增长一些经验再回到自己的公司里面帮忙。Luke虽然一百个不情愿，但是这次Ann的态度比以往任何时候都坚决，Luke无奈之下只好继续留在英国工作。

不过这孩子好像在某些方面遗传了他爸爸的性格特点，做什么事情都好高骛远，没有耐心。他在英国工作了两年，换了四份工作，他对每份工作都是敷衍了事，要么是觉得学不到东西，是在浪费他的聪明才智；要么是在公司里处理不好人际关系被扫地出门。Luke在英国越工作越心灰意冷，最后竟然当起了"御宅族"——窝在屋里整天不出门，上网购物，玩游戏。他也没有再出去工作的任何欲望了。Ann看着儿子这样，心里也是非常着急。她在心里暗暗责备自己是不是把儿子逼得太狠了，Luke原本就是含着金勺子长大的，自己虽然望子成龙，但是归根到底儿子开心才是最重要的。

■ 五年前

Ann让儿子回来到她的公司帮忙，她对儿子说："妈妈答应你，只要你努力好好干，明年就给你10%的股份，以后每年给你10%，这样五年后你就有50%的股份了，到时候你姐姐拿30%，我拿20%，这公司基本上就归你了。妈妈就你这么一个儿子，这个公司说到底还不都是你的。"

Ann在自己的公司里给儿子安排了一个位置，让儿子给自己当助理。Ann带着Luke谈生意，把他介绍给自己的大客户，Ann希望他慢慢学着打理公司的生意。她打拼了这大半辈子，现在儿子长大了，她希望自己可以歇歇了，去真正享受一下颐养天年的生活。Luke在做生意方面还真是学得很快，业务上很快就熟悉了。看着儿子日渐进步，Ann的心里也是非常欣慰。她觉得儿子这次是真的不一样了，也许随着年龄的增长，他也真是到了发奋图强的年纪了。自从Luke慢慢上手，Ann慢慢有意让大家知道她要让Luke接班的意图，很多生意上的事情能不管的就尽量不管了，还经常借着各种出去度假的理由，创造让Luke独立运作公司生意的机会。

她偶尔也会听到一些风言风语，说Luke和她那个前夫阿康走得非常近。大家都知道阿康是个吃闲饭的经理，但是自从Luke开始执掌公司以后，他就把父亲调到了营业部，负责处理客户报价和大客户关系。大家私底下传言，这么重要的岗位让阿康这样的人来做，以后会出事。

对于这些，Ann不以为意。阿康毕竟是Luke的亲生父亲，阿康这个人再怎么不堪，也不致于坑害他自己的亲生儿子。人说打虎亲兄弟，上阵父子兵，Luke重用阿康也不见得是多么不好的事情，毕竟是自己家的生意，重要岗位上安置自己最亲近的人总是没错。所以那些风言风语，Ann都当作耳边风了。

没想到，就在Ann策划着自己退休生活的时候，一个晴天霹雳击碎了她的美梦。当财务总监拿着最新一季度财报向她汇报的时候，她几乎不敢相信自己的眼睛。"这个季度比上个季度营业额跌了50%？怎么会这样的？"Ann简直不敢相信自己的眼睛。一定是什么地方搞错了，Luke一直和她说公司各项经营数据没有大问题的呀！

财务总监唯唯诺诺地说："这……公司最主要的几个大客户的订单都突然一起取消了，据说他们的订单转给了一家新的贸易公司。那家公司每笔订单的报价都比我们的低。"

Ann大怒："这么重要的事情，为什么直到季度财报出来了才汇报？""是Luke……他说您都知情啊，还说您已经想好了应对的策略。"财务总监也很吃惊。

Ann感到事情不妙，她已经太久没有直接关注过公司的业务，一切都是Luke在打理。她想找Luke的时候，Luke已经躲着不见她了。Ann经过调查很快发现这个新崛起的竞争对手竟然是阿康和Luke一起开的公司，他们两个一起合谋挖走了公司最主要的客户。

■ 亲儿子抢夺母亲的生意

这真是一个晴天霹雳的消息，自己的亲生儿子，公司未来的掌舵人竟然要亲手毁掉自己的公司，她怎么也想不通Luke为什么要这样做。但是事已至此，她已经无力回天。订单持续锐减，贷款到期，公司的资金链断了。Ann的公司挣扎了半年最后倒闭了，她的公司竟然最后断送在了自己儿子的手里。

Ann怒不可遏，她质问Luke："你为什么要这样做？要知道这个公司迟早是你的，你为什么要拆自己家的台呢？"

Luke冷冷地回答："我从小到大都要听你的，我要怎么样全部都是你一步一步安排好的，你就是冷酷、自私，怕我夺你的权，所以才在我大学毕业以后让我留在英国受苦。什么五年后拿50%的股权，无非是套住我让我为你卖命的金手铐罢了。我的新公司虽小，但是赚的每一分钱都是我自己的，那才是我自己的事业，你懂吗？我的命运要听从我自己的安排，不是按照妈妈你安排好的来进行。"

Ann声嘶力竭地喊："这都是谁和你说的？这是你那个混账爸爸阿康和你说的是吗？你连一点基本的判断力都没有吗？我这么多年，做什么事情都是为了你，赚每一分钱都是为了你。就凭你们两个，以为搞垮了我的公司，就能经营好你的新公司吗？你们根本什么都不懂。"

Luke冷笑说："你终于说出心里话了，我就是你心里那个什么也不懂的孩子，我就是要证明我自己！是的，只有爸爸才了解我，只有他才希望我能为自己的人生做主，而不是听你的摆布，只有他才真正懂我！"

Ann全明白了，在人生这盘大棋上，她最终还是输了，这一次输得一塌糊涂，如此彻底！而最让她心死的是这个自己含辛茹苦养大的儿子竟然如此的不明辨是非，并且品格低下。

"你出去！你从我面前消失！我没有你这个儿子！"Ann绝望地坐倒在椅子上，她全身的力气只够维持自己急促的呼吸，她的心剧烈地跳个不停："你赶紧滚，我没有儿子了，我再也没有儿子了……"在她的心里，那个张着小手要抱抱的孩子，那个思念妈妈，日夜给妈妈画画的孩子，那个帅气阳光经常满头汗水的少年……已经和眼前这个虚伪的男人没有任何关系了。不知道从什么时候开始，她心里的那个儿子就已经死去了。

■ 最后，剩下三套房是唯一的救援

公司倒闭之后，朋友们劝她东山再起，给Luke再上一课。但是她的心已经死了，她的奋斗、打拼都是为了这个儿子，失去了这个动力，她完全没有什么心情去经营这家公司。

她清点了一下资产，这么多年来，她每5年都会买一套房，现在已经有了三套房，这么多年的升值，已经价值不菲。她把这三套房全部出售，约合人民币800万元，她带着这些钱从马来西亚移民去了澳大利亚。

Ann记得收拾收拾东西搬家的那一天，她在一个角落发现了一个小盒子，打开以后，她看见一张康乃馨的标本，旁边歪歪扭扭地写着：今天是母亲节，妈妈不在家，我学会了做干花，等妈妈回家送给她。

■ 首席顾问评语

儿子反叛的故事教训

这是真实案例，不是故事，笔者听完后，呆在当场，不相信世界上有这样荒唐的儿子。当静下心来，写这本书时，还在感慨：理财难，但其实看懂人心更难。

儿子的贪婪性格，是他的性格所然，他在外面没一份工作做得长久，更与父亲一套概念，像全世界都亏欠他，做出狼心狗肺的事，还觉得是自己的奋斗。这种事情一般人没法预测得到，也没公平道理可言。人生的残酷就是这样，你的未来不是你当初的预测，永远"三分靠天意"，你的计划全盘落空，残酷的现实，也只能接受及适应。

母亲打拼一辈子，在事业高峰时，做了一次正确的理财选择便是：在情况许可时，每5年买一套房。我可能做不到5年买一套房，但如果有能力的话，则争取5年买一套房，要尽量多付首期，30年后便有三套房，这便是救命钱，谁也拿不走。买房时，尽量付5成首期，事后不用担心每月还款，每月房租足够还每月的银行贷款。

这位母亲因为有着3套房产，在家庭发生巨变时，也有财务上的依靠，算是还能过个安稳的晚年。希望她能放开过去，忘记不孝的儿子，重新找回自己快乐的生活。

中年人失业

■ 你失业了吗

你是否情绪低落？你是否希望全世界突然停止转动，让你有机会歇一歇、喘一口气？若是这样，那你可能把问题夸大了。

你是否愿意与别人调换位置？有位先生患肿瘤，他太太还年轻；有个太太，离婚后钱又给另一个男人骗走了。如果这些不幸发生在你身上，你又将怎样面对？

在我的经验里，从没见过有任何人愿意和别人交换问题。事实上，若以适当的态度去面对问题，那它的严重性就会慢慢褪色。

问你自己这个问题："还有什么更坏的事会降临到你的身上？你能处理它吗？"

你失业了，不要憎恨公司把你解雇，同样也不要恨政府不为你解决就业问题，或是当地团体对失业人士采取的爱理不理的态度。

当一个人开始把责任推往别人身上时，他算是失败的。一个好的忠告："不要推卸责任，要以解决问题为首要。"当你开始控制你的消极情绪时，你已踏上解决问题之路。

■ 积极人生

有人问你："失业了，你应该如何找工作呢？"

你反问他："你是怎样认识你的太太的呢？"

"你说什么？"他显然对你的答复不知所云。

"你是怎样认识你的太太的呢？这就是我的答案。"

他不一定听懂你的意思。其实仔细想想，一个单身男士想要寻找终身伴侣，就得去找人介绍，到她们常去的地方，去跟她们聊，会去做些吸引她们注意的事情，慢慢熟识。

如果你失业了，你要像找太太或丈夫那样找寻职业。你要找出各种不同的职业，小心衡量一下。不因年龄而放弃联想的柳先生，不就是40多岁，才从中科院跑出来创业的吗？

不要对自己讲泄气话："这时势是人求事，好的工作不多，仅有的又被其他失业的人抢走，我是没有机会的了！"

不要气馁，你是有机会的。你也可以找到一份最适合你的工作。如果你上个月已打电话询问过那家公司，再多打一次。每一天都会有人退休或是辞职，每个月都会有人收拾行李回家。每天、每个月都会有人累得要离开工作岗位，所以每一日、每个月、每一年都会有些空缺岗位。那些肯去敲门、打电话求见的人必会得到那些工作。

很多人之所以失败非因他们缺少智慧、能力或机会，只因他们不肯面对问题全力以赴。

人若肯对生命投入，就算生命似乎平淡无奇，他也必会成功。那些对生命充满朝气的人，机会的大门会先为他打开！有一次，我在北京的一间酒店下榻，那管理房间的是一个普通话并不流利的四川人。"你早！你早！你早！"奇怪的是，他虽然重复地向我打了几次招呼，可我一点也不觉的他造作，只因他的态度诚恳极了。

我回以一句："你看起来很开心。"

他咧开嘴，笑吟吟的对我说："是啊！有份好工作，而且又是在北京。我可以为你泡杯咖啡吗？"

"当然可以！"

"今天的天气非常好！"他说。

"听说要下雨？"

"下雨也是好的。草地会绿油油的，花草树木都需要雨水！"

他离开我的房间时，形象已深入我的脑海里。我告诉自己，我已经知道了为什么他会得到这份工作。那些聪明又生气蓬勃的人全在未来三个月内获得工作。加点运动，要自己活得朝气勃勃。你会明白为什么其他人会乐意雇佣你。然而这不是容易的。

你对于常常要带着灿烂笑容站在别人面前，也感到是一件难事，但你立志要自己这样积极地生活——尤其在你非常不如意的日子里，你更需要这样的支持，支持你的人不但来自你相交多年的朋友，也来自与你素未谋面的人。因此请记着：那些长存积极开朗态度的人，必会得到意想不到的帮助。

■ 你被忧虑控制了

这次你明白到压力是可以致死的，当你被忧虑重重压住时，它差点就取了你的命，你被忧虑控制了。你从这些事里学到了什么呢？就是你的思想非常重要，你心中所想的，会在行为上完全表露。假如你担忧害怕，那在生活上表现出来的必是惧怕畏缩；若你一心想着去爱和关怀，那表现出来的亦是如此。一个人的心怎样思量，他的为人就是怎样。所以，若你思想正确，那必会得到你要的东西。我们要把沮丧、失望和前面的阴霾都击倒。你要控制自己的生命和前路，要打退所有消极的东西。

成功并不是注定的，失败也不是永远的，假若你有足够的金钱，受过良好的教育，又有人事关系及别人的支持，你会怎样设定你的目标呢？假若你已有推销的网络，又有合适的助手，你的目标又如何呢？假若你有时间，又有地方和设施，你会怎样设定你的目标？假若你知道你的计划是必然成功的，你会怎样去做呢？机会是多过你的想象的，去研究每一个可能性吧。

■ 行动锦囊

当事事不如意时，人自然会变得消极失意，不愿面对将来。他们忘记了不如意的事总会过去。他们只着眼在无尽的问题上，完全忽视了明天的希望，更看不见摆在今天的机会，实在可悲。其实你所能做到的，只是有勇气踏出一步。你需要的也许并非机会，因为机会已在等着你，你要的是面对明天的勇气。

无论你现在是年老或还年幼，假若你要生活得更美满，你就必须有勇气去踏足明天。每个问题都是短暂的。山有山巅，谷有深壑，生命也一样有起有伏。

■ 问题终有完结的一天

纵观人类历史，可见证以上的规律。不少曾经衰落的社会文明又逐渐兴盛，以至再成为辉煌的文明，只是不久又日渐颓败、衰微，直至沉入低谷，然后又再一次循环上升。 由此可见，每个问题都有期限，没有问题是长存的。你有问题吗？它们迟早会过去。暴风雨之后是阳光遍地，寒冬过去就会春临人间，你的问题也终会消失。

若敢于做该做的事，

是没有人会彻底失败的。

只要放胆尝试，失败绝不会战胜你。

163

■ 说白了，人人都有问题

没有问题的生活只是个海市蜃楼的幻象，这种错误观念只会令你迷失方向，注意力分散。所以不要再浪费脑力、精力去寻求一个根本不存在的空想，还是接受"人人都有本难念的经"这个现实吧！

每个问题都会改变你，问题不会平白过去的，每个经过艰难时期的人，他的生命或多或少都会受到影响。

最近我与一个非常成功的推销员倾谈，他的收入有六位数字，但当问及他的教育背景时，我着实被吓了一跳，原来他是主修历史和教育的。"秦老师，你是个糟糕的老师，你不能引起学生的学习兴趣，也不能够和他们沟通。学生们都不喜欢你，学校也没有和你再续约，换言之，你是被解雇了！"那阵子，他愤怒到极点，于是决定到商界去闯一闯，干一番事业，果然找到了一份好职业。他说了一句精辟的话："其实你要被开除，你才懂得发火！你原本了无生趣地做人，是失业使你从恹恹闷气中一下子惊醒。每逢想起这件事你都会感恩，因为如果没有被解雇，你就永远也不会用心做人，大步前进。"

不要让问题，成为你的借口！

所有问题，都会成为过去；

积极生活，为家庭的未来努力奋斗。

人生
有可能的 变幻

- 下岗或公司本地化：影响孩子念大学。

- 生意失败：住房都要卖掉。

- 癌症：三年内不能工作，没收入，甚至死亡。

- 车祸：肢体受到损伤，影响正常工作。

- 孩子无心念书，只爱玩：他／她的未来之路可能非常难走。

- 离婚：基本生计都可能成问题。

- 感谢命运，一路无风无浪，但由命运决定，不是由你决定。

你认识的朋友中，
有人生发生过重大变化的吗？

中年下岗:
七成几率

以我20年的理财经验所见，有七成中年人都会经历50岁后收入大幅下降的过程，除了少数高层的领导还可能步步高升之外，其他人到中年时，单位里面都会发生相应变化，会影响他的收入。

说不好听的，下岗时收入为零。

退而次之，换岗，收入也可能大幅下降。

40多岁下岗，人已过了年轻力壮的时候，不能说不惊慌。固定开支，每月五六千元人民币是免不了的，靠积蓄过活，长则两三年，短的一年便用完积蓄，怎么办？

这的确是人生很可能碰到的事情。假如我们在30来岁已经有两手预备的话，"下岗"这经历，说不定反而是一个新局面的开始。

问题的关键是，你是否在几年前，已做好两手预备。单位经营不佳，一两年前便有兆头，你应马上做两手预备，不能迟疑，不能拖泥带水。你不做两手预备，到头来终将害了自己。

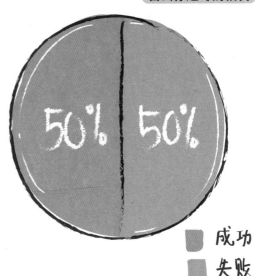

成功

失败

02

生意失败：
五成几率

在我们的理财案例中，有不少成功人士，很年轻已赚了好几个一百万元，但生意变化无穷，就算大机构如康柏、大宇等，都会倒闭。

有一两年生意红火时，也同时吸引了很多竞争者，再过几年，售价下降三成至五成，你的利润化为乌有。不但没利润，还在亏损。但你不甘心，苦苦支撑你一手创建的企业，不出三四年，由富翁掉下去成为穷光蛋。

我见过不少个体户，有几年是很风光的，但一二十年过后，却很潦倒。生意竞争比打工更激烈，几年的辉煌并不代表永远。

要在风光时，每年抽走2%的利润存起来，十年后有需要时动用。

年轻有为、过早成功的人，有个缺点，别人说的话，他不会听，很容易输在过于自信。有时我们理财顾问也帮不了他们。

肿瘤:
100人中有
三四位
会患上

肿 瘤

　　每个人的圈子，都会听到有朋友、亲戚患上这个病。不要说别人，就以我的家里来说，已经有两个人患过肿瘤。我父亲是患肿瘤过世的，肝癌，治疗了9个月后过世。医治的时候，花了大概三四十万元。

　　我妹妹患上乳腺癌，已治好了，五年内也没有复发，算是挺过去了。我妹妹是名牌大学的本科生，虽然病好了，却不能正常工作，不能接受有压力的工作环境，一边兼职做儿童基金会义工，一边卖保险。她因为购买了重大疾病险，所以二三十万元的医疗费，全可以报销。她觉得卖保险能帮助别人，所以很用心地在干，赚一点生活费。

　　由于我的家庭，有两三成人患上肿瘤，所以不瞒你说，我购买了超过50万元的重大疾病险，有备无患。我想我家的肿瘤也许是有遗传的，来就来吧，避不了但可先预备医疗费。

　　假如有一天，你不是听到别人患肿瘤的故事，而是医生告诉你，你或你的爱人患了肿瘤，你的心理及财务上，安排得了吗？

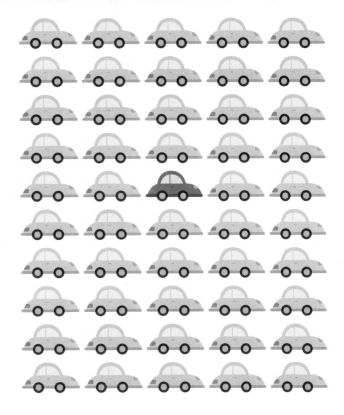

04

车祸：
100人中有
一两位

我见到一个案例，是位女性，25岁，因意外左腿残疾，为中度伤残，不能正常工作。

保险公司赔了一二十万元，但这也不一定够养她一辈子。

假如她购买了意外险，赔个三四十万元，生活会更舒适一点。

保险的用途，在灾难到来时，来得更加实际。

有意外时，无钱不行。只有家人的爱心，远远不够。

05

孩子无心念书：
10个中
有一两位

虽然父母亲都是重点大学的毕业生，偏偏孩子不喜欢念书，他的喜爱，很可能是音乐、绘画、设计或发型师……

曾经有一对事业很成功的海归夫妇，孩子不爱念书，而他们的财务规划仍是围绕着孩子将来的幸福来设计的，让孩子有足够的经费，将来到英国、法国深造成为一位成功的发型师。

离婚：
10个家庭
有一两个会发生问题

女人离婚后，一般生活都很艰难。离婚后生活还可以的有两种女人：

她预先有两手准备。

她离婚后，有谋生的本领。

女人离婚，几率有十分之一二，女人应当有计划，假如在结婚前发现双方感情或其他方面差异比较大的时候，适宜先为结婚后几年做出一些准备。

人生美满与否，两手准备永远都不会错。

结论

以上不同的人生变幻，都是有可能发生的。

对没有准备的人而言，有事故发生时，惊慌万分。由于没有做足财务上的准备，家庭一下子走向悲剧。

人生是喜剧或是悲剧，在于是否有两手准备。有准备的人们，转危为安，逢凶化吉。没有准备的人们，一生便毁了，也同时连累家人。

你说，一个好的理财规划是否重要呢？

人生有风浪，并不奇怪。但天助自助者。若什么都不干，等命运决定，这与我们提倡的积极人生是两个不同的生活态度。

08

导游变老板
合作双赢的案例

> 【马来西亚收入微薄的导游】

> 【富翁思维与老百姓思维的重要差异】

> 【中国香港首富，成功的三要素】

马来西亚收入微薄的导游

现在的我是一个成功的老板，经营一家旅游公司，有自家的燕窝工厂，有自家的药品工厂。但20年前的我，只是一个穷导游，工资很低，靠旅客的小费过活。

我达到这样成功，离不开我的优良人脉关系及工作共赢的招数，请让我一一道来。

■ 20年前

我22岁时，当了导游也有三四年时间，每月接待两三个团，以前都是从中国台湾和中国香港来的游客，20年前还没有太多中国人来马来西亚旅游的。小费加工资，勉强够生活之用，生意也不是特别好。

从中国台湾与中国香港来的旅客，有三分之一是单身的，几个男人一起来玩，喜欢这里的夜生活。尽管收费比当地贵一倍，但在他们看来，还是比他们国家便宜得多，这样每月我也多拿了3000元的收入，在当时是相当不错的呢。一年下来，便能储蓄一笔额外的收入。

除此以外，我还带他们去买纪念品及榴莲、燕窝等，都是公司指定的地点，回扣属于公司，与我无关。我认识一个做小饰品的技术工人，做出一个很精致的小麒麟装饰品，麒麟更具有特殊的含义。由于与纪念品公司老板谈得比较默契，他允许我在他店里的一个角落，推销我的小麒麟。我聘了一位兼职老师，特别能说关于麒麟的故事，来到店里的人，听完故事，大部分都买。这产品属于我，不用交回扣给公司，与店老板七三分账。所以我在一两年的时间里，赚到了人生第一桶金。

这成功于老板愿意借出一个角落给我们摆放商品，同时又不归账到公司的营业额中，这就是私交的重要性。

■ 13年前，大胆开厂

有了额外收入后的生活是不错的。但没有人嫌钱多，我知道一个朋友有治暗疮的祖传秘方，很有效果，便从他那收购，并包装后转手出售，在店里卖得很好。

之后几年，我陆陆续续寻觅开发了几种药品，有治便秘的，有美容面膜，都是靠自己爱交朋友寻觅而来的产品。

5年过后，有了三四个拳头产品，并分布到不同的店里，这成为我的重要收入来源。这时导游的收入已经变得没那么重要，我为了保持当中的人际关系，每月只带两个团，早就没有那么辛苦。

■ 8年前，经营旅游纪念品店

我认识的一位卖旅游纪念品的店老板，70多岁了，想把店转让出来，因为平时与我关系特别好，只用半价盘给我，而且可以分3年时间付款。这种机遇，十年不遇，如同天上掉下来的馅饼，于是我便成为幕后老板，每年利润可观且稳定。导游也转为兼职，每月兼职带一个团，维持旅游业的关系。

■ 5年前，正式做老板

我正式辞掉导游的工作，要打理店铺的运作及药品工厂，我忙不过来，迄今为止，我都是聘人来操作，自己躲在幕后做老板。

我从一位小导游，慢慢变成老板，除了努力之外，我认为最重要是人脉关系，以及与人合作共赢的策略，大家一起发财。一个人是做不了很多事，要有合作伙伴才能双赢，当然选对合作伙伴是关键，这就是与人交往时，观察他为人的细节，判断这人能否成为合作伙伴，然后利益分配要公平，能长期运作下去。

我鼓励现代的年轻人，做好自己的本分，培养出好的人脉关系，碰到机会时，大胆出来试试，很多成功也就是冒点风险，将很多小成功堆在一起便变成大成功。当然在中间过程，会碰到一些挫折，也需要懂得去应付。

■ 首席顾问评语

原始资本的积累

大家在资本原始积累的时候，都是比较辛苦的，如果是打工一族的话，前10年的储蓄要花在购房、结婚的事情上，一般都没有太多剩余的资金留下。

人生的工作时间，大概有25至35年之间，人生的黄金时段应该是30至45岁之间，这期间是容易有较多储蓄的。45岁之后，工作有可能发生变更，收入相对会减少。到55岁之后，慢慢就再没有工作收入。

人生的支出高峰期，大致有四个阶段：

◎30岁：结婚购房

◎40岁：投资

◎50岁：孩子念大学的费用

◎60岁：医疗费，退休金

大部分人在30至50岁之间，都能积累到原始的资本。积累原始资本后，便要懂得另一种技能。

■ 打工一族的赚钱秘诀

第一步：提高收入，工作有提成收入。

第二步：转移风险，买适量的保险。

第三步：10年供满房贷，即约45岁左右。

第四步：每五年做一次重要的投资，回报要高。

第五步：55岁时力争一半收入为投资收入。

资本操作：当你储蓄了第一笔资本，以30万元来说吧，有几种情况会出现：

（1）存在银行，若干年后才可能翻一番。

（2）认真学习价值投资股票，年回报10%，约7年翻一番。

（3）在二三线城市里，买楼房，收租3%，等待房产升值。

■ 每年赚10%，还要年年赚，是有一定难度的

为什么大部分人买房产都能成功？虽然每年收租率也就只有3%至4%之间。 其关键是房产收租，是不会亏的，每年都会赚。

反之，我们再看股票，大部分人都是一年赚，一年亏，三或四年后结算，大都是扯平，甚至亏本。 学懂股票成功操作的，10个股民顶多只有一位，八成都失败。

有的打工一族很聪明，把自己的原始资本30万元当作一盘生意，审慎运作。要年年赚，是资产增值的关键。

每五年做一个重大投资决定。在市场低时买入，大都不会错，因为价格最便宜。

177

在人家贪婪的时候，要卖出；

在人家恐惧的时候，要买进。

懂宏观的人，赚大钱；

懂微观的人，能赚钱。

■ 成功十规律

1. 要成为成功人士，就要重复成功人士成功的先例。

2. 要成功就不能有借口，有借口就不会成功。

3. 知识（50%）+人缘（50%）。

4. 成功者，要有狂热之心，无为无不为。

5. 推销自己，不是推销产品。

6. 要多接受培训。

7. 业绩不好，就要认真去想新的方法。

8. 成功者，要主动出击。

9. 成功者，要能忍受寂寞，做别人不敢做的事情。

10. 有反对意见，认真聆听，找出解决方法。

富翁思维与老百姓思维的重要差异

做理财顾问30年，我发现事业成功人士的思维，与老百姓思维真的有一些差异，也是因为这些思维差异，老百姓富不起来。很多时候老百姓的理财思维或理财概念出了漏洞，由于老百姓身边没有成功的人士去给他们一些指导，导致方向不正确，便会走很多冤枉路。

古时候，富豪之家往往有所谓的家规家训，传给自家子孙。我们现在收集了5条"富翁家庭"的教条，它们的确不同凡响，字字珠玑，很有道理，老百姓学懂它，也可以走上"创富"之路。

富翁思维		老百姓思维
（1）冒险精神	Vs	保守派
（2）狼群性格	Vs	羊群性格
（3）投资性强	Vs	消费性强
（4）宏观性强	Vs	微观性强
（5）朋友圈子广	Vs	朋友圈子小

■ 富翁思维：冒险精神；老百姓思维：保守派

老百姓图安逸，富翁喜欢挑战；这两种态度的截然不同是很明显的。

举个例子：以事业发展来说，老百姓喜欢到大企业里面工作，工作环境比较稳定。富翁却不介意自创一家小公司，冒上一定的风险，争取更多利益。

例子：老百姓思维大多是希望自己孩子进入公务员行列，进入大型的国企，或大型的外企中，这样比较稳定吧。由于大企业人才济济，想出人头地的确不容易，过5至10年后，人就变得不思进取，图个安逸的一辈子，也就是打工一族，富不起来。

富翁是冒险家，老百姓是保守派。

再举个例子：以选择银行的理财产品而言，一般老百姓会挑选保本计划，觉得年回报3%至5%便已经不错。富翁却会冒一点风险，会购买一定比例的股票型基金，回报率较高，但也冒一定的风险。但富翁思维一定不会购买保本基金，因为他们明白这个道理："低风险，便是低回报"，要保本，便不可能有太高的回报。

■ 富翁思维：狼群性格；老百姓思维：羊群性格

有两位年轻人，你从何知道他们20年后，哪一位能成为富翁，哪一位是一般的老百姓？其实从他们的胆子大小，就能看出一点眉目。

富翁胆子较大，很多新事物都会去尝试，别人不敢干的事情，他会去干。例如：单位要开拓西部市场，要派干部去武汉、成都干三四年，他会毫不犹豫，毛遂自荐，自告奋勇。一般的人却不愿意离开大城市的总公司，考虑良久，迟迟不能决定。

胆子大，自然机会多。胆子小，机会也变得很窄。你说，哪一位比较容易成功？老百姓，羊群性格很明显。什么意思？便是他会跟着大众思维走，不会独自冒出头，去尝试任何新事物。他怕失败，他怕人家笑话，他周围大部分的人都认同他的见解，才会去干，所以他的成就也只能是一般的。

例子1：以最近火爆的银行购买基金为例，狼群性格的人们在股票型基金净值1.30元已经购进，羊群性格的人们可要等到2.30元才会购进，买得价位高，很可能最后会亏损。

例子2：在中国房地产火爆时，温州人在上海、北京开始购房，虽然上海、北京并不是他们的家，但是他们不怕风险。反观上海或北京本地人，购买房子只限自己住的地区，白白错过其他地区的升值机会。这与他们的羊群性格有关，需要周边的朋友有相关经验，才会跟随。但由于有大量资金的老百姓不多，所以在外地买房子的这种经验的老百姓很少。

■ 富翁思维：投资性强；老百姓思维：消费性强

富翁先买房，老百姓先买车。10年后，房子翻了两番，10年后的二手车，毫无价值。

两位年轻人，都是大学毕业，找到同样的工作，10年后拥有的财富有明显差异。他们的差异在于：一位将积蓄买了一套房，另一位将积蓄买了一部车。10年后，买房的一位资产超过100万元，买车的资产只有一部二手车。

两人的财富，明显有差异，但他们的收入都一样，同样的学历，同样的社会经验，为何两人10年后拥有的财富不一样?

甲花钱买房是"投资"行为，钱其实没有花出去，只是转放在房子里，以后都属于自己。乙花钱买车是"消费"行为，钱花出去，可二手车过10年后，价值所剩无几。跟房子不一样，房子10年后，说不定已翻两番。

我们可以举更多的日常例子来说明。

（1）客户甲会花3万元人民币去买一幅油画，但不会花3万元去买二手车。

（2）客户甲会花1万元去买人寿保险，但不会花1万元去欧洲度假。

（3）客户甲会很舍得花钱买书，但不舍得花钱去看电影。

以上哪些是"投资"行为，哪些是"消费"行为，请自己判断。下面是更多的例子。客户甲在"投资"行为上，多贵都不会讨价还价，因为钱最终还是归自己。

富有的人是"小钱糊涂，大钱聪明"，一般的人是"小钱精明，大钱糊涂"。

"投资"行为	"消费"行为
国家债券	汽车
银行产品	买衣服
办实业	上饭馆
收藏品	电影，打保龄球
	度假

有些人收入高，但财富少，原因是他把钱花在"消费"行为上。客户甲大部分花费都在"投资"行为上，"投资"行为的钱没有落在别人手里，最后还归自己。

富有的人年轻时都比较抠门，他们注重储蓄，每月剩下资金，全用来做投资。

老百姓年轻时是"月光"一族，消费性强，年轻时很风光，但一点钱也没剩下来。

富有的人：每月先储蓄，后消费；老百姓：每月先消费，后储蓄。

■ 富翁思维：宏观性强；老百姓思维：微观性强

举个例子：老百姓在消费时，可能会花半小时去砍价，省一点小钱，小钱的花费上表现得比较精明。但他银行账户说不定只存有二三十万元现金，没有赚任何回报，只会放在银行里收取微薄的利息。

小钱精明，大钱糊涂，是老百姓的写照。30万元存款，要求年回报10%，年产出的利润有3万元，如果可以达到这个目标，比天天砍价省下来的钱多得多。

老百姓中大部分人只低头看着自己过日子的微小事情，未来的社会变化，他并不能预见，只能不断叹息社会变化太快。

富翁却相反，喜欢留意大事情，对未来发生的变化有预见性，早有预备，适应得很好，还会利用别人见不到的机会投资获利。他们见闻博广，机会自然比别人多。

例子：富翁留意世界大事和政府政策，在人民币将要升值时，及时将自己的资金换成人民币，避免了足足5%~10%的汇率损失。

一般市民，没有这种先知先觉，美金还存在美金账户，年年都看着它贬值，破口大骂，但又有何用？只怪自己未有洞知天机的经验及本领。

■ 富翁思维：朋友圈子广；老百姓思维：朋友圈子小

富翁的兴趣表现在多个方面，见闻会比较广泛，认识的朋友也比较多。

老百姓的朋友圈子小，除了自己行业里面的朋友，很少认识到其他行业的人士，兴趣也比较单一，来来去去的朋友就是那几个，见闻浅薄。

每个行业都有专家，现代社会都需要积累不少知识。由于我们大部分时间都要花在自己事业上，其他行业的东西懂得相对较少。

例子：以IT人为例，他们的电脑技术响当当，可对于银行的五花八门的金融产品却知之甚少，什么纸黄金、股票型基金、封闭式基金、境外理财产品（QDII）、保本计划，甚至保险都一概不懂。所以挣回来的几十万、上百万元都放在银行里，没有较大的升值空间。

现在社会都是讲究是否专业，自己不懂的事情，只需要认识一些有关的朋友，便能解决。 但假如老百姓的圈子小，那么碰到困难时，很容易便一筹莫展，只能坐着等待机会。

中国香港首富，成功的三要素

■ 第一个要素： 全力以赴

问：你说成功没有方程式，但如果一定要你说出成功的原则，会是什么？

李嘉诚：第一原则，你做哪个行业，一定要追求那个行业最好的知识、最好的技术是什么，且必须处于最佳的状态。

第二原则，努力、毅力。（补充：李先生说努力、毅力的意思不是传统字面上的含义，是全力以赴，做到极致。不过，很重要的是，如果出现一个机会，可你没有掌握跟这个行业有关的知识，因此，只要你判断错误，就算再努力、再有毅力，一旦失败，这个代价就太大了。）

第三原则，人才。

■ 第二个要素： 建立好的制度与人才

问：你刚刚提过必须有最新的信息，除此之外还要有制度。但是你的事业从零售业、港口运输一直到石油产业，种类包罗万象，如何用制度管理？

李嘉诚：现在是一个多元的年代，四面八方的挑战很多。我们的业务遍布55个国家，公司的架构及企业文化，必须兼顾来自不同地方同事的期望与顾虑。

所以灵活的架构可以为集团输送生命动力，还可以给不同业务的管理层自我发展的生命力，甚至让他们互相竞争，不断寻找最佳发展机会，带给公司最大利益。公司一定要有完善的治理守则和清晰的指引，才可以确保创意空间。

例如长江实业，长江实业在过去十年有很多不同的创意组织和管理人员，他们的表现都很出色，所有项目不分大小，全部都是很有潜力和不俗的利润。

大家一定要知道，企业越大，单一的指令与行为是不可行的，因为这会限制不同的管理阶层，无法发挥他们的专业和经验。

我举一个例子。1999年我决定把Orange（编者按：指原本和记黄埔集团旗下的一家英国电讯业务公司，后高价卖出）出售，卖出前两个月，管理层建议我不要卖，甚至去收购另一家公司。我给他们列了四个条件，如果他们办得到，便按他们的方法去做。

一、收购对象必须有足够的流动资金。二、完成收购后，负债比率不能增高。三、Orange发行新股去进行收购之后，和记黄埔仍然要保持35%的股权。我跟他们说，35%的股权不但能保护和记黄埔的利益，更重要的是可以保护Orange全体股东的利益。四、对收购的公司有绝对控制权。

他们听完后很高兴，而且也同意这四点原则，认为守在这四点范围内，他们就可以去进行收购。结果他们办不到，这个提议当然就无法实行。

我建立了四个坐标给Orange管理人员，让他们清楚地知道这个坐标，这是公司的原则，然后他们到那边发展时，在这四个原则下发挥才干。

这只是众多例子中的一个，其实在长江实业、和记黄埔集团里面，我们有很多子公司，我都会根据每家公司经营的业务、商业环境、财务状况、市场前景等，给他们制订出不同的坐标，让管理层在坐标范围内灵活发挥。

问：你提到经营企业成功的第三个原则是人才，你如何定义优秀人才？

李嘉诚：成功的管理者都应是伯乐，不断在甄选、延揽比他更聪明的人才，不过有些人却一定要避免。绝对不能挑选名气大却妄自标榜的"企业明星"。企业也无法负担那些滥竽充数、唯唯诺诺或者灰心丧气的员工，更无法容忍以自我表演为出发点的企业明星。

我的经验是，挑选团队，忠诚是最基本的，但更重要的是要谨记光有忠诚但能力低的人或道德水平低下的人迟早会拖垮团队、拖垮企业，是最不可靠的人。

因此，要建立同心协力的团队。第一条法则就是能聆听得到沉默的声音，你要问自己团队和你相处有无乐趣可言，你可不可以做到开明公平、宽宏大量，而且承认每一个人的尊严和创造的能力。不过我要提醒的是，有原则和坐标，而不是要你当个费时矫枉过正的人。

可能是我少年忧患的背景，可以让我在短时间内较易判断一个人才的优点和短处，从旁引导，发挥其所长。

■ 第三要素：当领袖或当老板

问：当了50多年的老板，对于管理、领导，你有很深切的体悟，也曾经以"管理的艺术"发表演说，能否分析一下老板与领袖的差异？

李嘉诚：我不敢和那些管理学大师相比，我没有上学的机会，一辈子都努力自修，苦苦追求新知识和学问。管理有没有艺术可言？我有自己的心得和经验。

我常常问我自己，你是想当团队的老板，还是一个团队的领袖？一般而言，做老板简单得多，你的权力主要来自你的地位，这可能是上天的缘分或凭着你的努力和专业的知识。做领袖就比较复杂，你的力量源自人性的魅力和号召力。做一个成功的管理者，态度与能力一样重要。领袖领导众人，促动别人自觉甘心卖力；老板只懂支配众人，让别人感到渺小。

问：今天的对话，你谈到许多经商之道，是否呼应你在汕头大学的演讲中所说的"好谋而成、分段治事、不疾而速、无为而治"？

李嘉诚：对于我来说，一场最漂亮的仗，其实是一场事前清楚计算得失的仕。以上四句话是环环相扣、互为因果的。

"好谋而成"是凡事深思熟虑，谋定而后动。

"分段治事"是洞悉事物的条理，按部就班地进行。

"不疾而速"是你靠着老早有的很多资料，很多困难你老早已经知道，就是你没做这个事之前，你老早想到假如碰到这个问题的时候，你怎么办？由于已有充足的准备，故能胸有成竹，当机会来临时能迅速把握，一击即中。如果你没有主意，怎么样"不疾而速"？

"无为而治"则要有好的制度、好的管治系统来管理。我们现在大概有25万个员工，分布在55个国家，而且我们的员工大部分在西方国家，如果你没有良好的制度，便没有足够的能力去管理。

问：你如何把这样的成功心法，传授给你的后代？

李嘉诚：我告诉我的孙子，做人如果可以做到"仁慈的狮子"，你就成功了！仁慈是本性，你平常仁慈，但单单仁慈，业务不能成功。你除了在合法之外，更要合理地去赚钱。但如果人家不好，狮子是有能力去反抗的。我想做人应该是这样的。

09

中国未来的
挑战

中国 40 年的经济奇迹

中国自 1978 年改革开发以来，已走了 40 年的改革之路，很成功地成为全球第二大经济体。这是了不起的成就。是什么催生了 40 年了不起的成就，想起来有以下 6 大重要的改革。

■ 第一大改革（20 世纪 80 年代初期）：农村改革

在农村实行包产到户，释放农业生产力使农村快速成长起来。

■ 第二大改革（20 世纪 80 年代中期）：建立经济特区

这是重大的体制改革，几个经济特区成为中国"实验品"，没有太多意识形态的限制，将争论压下去，特区注重成果、效率，带来高速的发展。

■ 第三大改革（20 世纪 90 年代初期）：国企重整，民企成立

关闭效益不好的国企，工人下岗，鼓励下海经商，允许民企生存，重新确认民间智慧。

■ 第四大改革（21 世纪初期）：加入 WTO

引进海外竞争，实施改革开放，中国企业可以参照国外的模式，引起某些行业快速的增长，因此不少行业跟海外接轨。例如：IT、家电、手机、铁路，等等。

■ 第五大改革（21世纪初期）：房产改革

不再分福利房，商品房大量建设，房价不到10年翻了好几番。

房地产变成中国的重要支柱，激发中国的经济。

■ 第六大改革（2010年开始）：新兴产业

重视七大新兴行业和政府关键行业，如：新能源汽车、水利、高铁、农业、种子战略性行业、文化传媒等，以上行业将来规模必然增大。

■ 中国的转型

假如中国政策没有什么突破，未来5年中国经济有可能增速减慢，由高速增长到缓慢增长再到停滞不前，年GDP增长率由10%逐年减到7%，再减速到5%。中国政策要有改变，笔者认为走不出以下10个大范围，每个改革范围都不容易，但一旦突破，中国经济便会再涌现高速增长。

以往中国经济靠的三驾马车是出口、基础建设、投资大企业。由于美国的贸易限制，出口不再像以前那么兴旺。基础建设还在运行，例如高速公路、高铁等可以再维持两三年，之后便再没有大型工程。房地产、汽车便变成主要的经济支柱。

以后经济的新三驾马车，可能是大家耳熟能详的：再生能源、新兴行业、军事科技。

■ 推广中国的优秀文化

美国没有长远的历史，但懂得吸收别人之长处。中国五千年文化，有优良的传统，也有不少恶习，例如迷信、赌博、贪污等等。中国应该倡导源远流长的优秀文化，坚决杜绝不好的文化。

举5个简单例子：

1. 随地扔垃圾，随地吐痰。新加坡已有成功的处理办法，每次罚款 500 元。

2. 见义勇为设奖金，奖励个人的英勇行为。

3. 民间慈善团体，鼓励成立及推广。例如李连杰的壹基金。

4. 中国武术应该提倡。

5. 学习国外先进事例。

■ 股市需要改革

股市不能老在圈钱，要真实的报表，不做假，让老百姓将闲余的资金投得放心，不能让股市变成人民的赌场和企业圈钱的地方。要认真地办理，让投资者得到回报。

1. 强硬性分红，一半利润分红，并且投资者免税。

2. 重罚做虚假年报的上市公司，责任人要负刑事责任。

3. 重罚投机活动、内幕交易，等等。

4. 国企分股票给市民，让每个市民都享受国家的进步。

5. 亏损百万元以上，部分可抵税，鼓励投资股市。

■ 未来经济发展前景

鼓励创新，鼓励新科技，鼓励发明家

◎七个新兴行业。

◎种子战略性行业。

◎ IT 新技术。

农产品价格提升

◎养殖类产品及其他农产品，价格会上升。

◎直接提升农民的收入，刺激其他内需。食品安全是重要主题，更安全、更高价的农产品，将在未来5年不断出现。

电价逐步提价

◎电价的政府补贴不可取，应逐步提价，让市民认识到电的可贵，进而节省电力资源。

◎电费用者自付，电力用得愈多，价格愈高，每家每月100度之内还是可以有政府补贴的，让贫困户过得没有困难。

汽车年检费用提高

◎低碳经济，鼓励混合动力车和纯电动汽车。

◎让富人负担更多的路上费用，养车贵、停车贵，车辆自然不会增加太多，也解决路上堵车的问题。

■ 再生能源

太阳能电动汽车、水资源处理、资源回收处理……在再生能源技术方面，中国不落后，更有可能引领世界。例如：LED环保灯泡已率先使用，能节省一半电力，旧灯泡两三年内被替代。

■ 军事科技要进步

隐形战机，精准导弹，核能航母，核能潜艇……都要跟上。

中国未来的5个挑战

中国未来的5个挑战包括：

1. 银行信托过于倾斜投资房地产，到期后回报与预期不一样。

2. 创新环境要加强，靠别人的技术只能是过渡。

3. 经济改革成功，下一步政治改革要考虑。

4. 法治要强化，减少不公平情况。

5. 反贪腐要制度化，走上更高层次。

■ 银行信托理财产品

银行等资金以前太过倾斜投资房地产项目，万一房地产在将来逆转，由涨变跌，信托到期后，不但没赚到预期的回报，还会亏损，这是银行推广时没有想到的事情。房地产一定会调整，房地产的信托理财产品应该不再推出，以防到期后兑现不了回报率。

银行资金过度投向房地产，只会将地价推高，变相鼓励居民炒卖房产。

■ 创新环境

世界最富裕的国家，现在只有美国，其原因很简单，它不停发明及创新技术和产品，你看近十年的新发明，差不多90%都来自美国。例如：苹果手机、优步汽车（UBER）、民宿爱比迎（AIRBNB）、电动汽车、混合汽车、电子刊物、好莱坞电影等。

美国赚了全世界的钱，中国紧随其后，现在是世界第二大市场。

以后要强过美国的话，必须创新国内环境，鼓励民众的发明，提供资金给创新的企业家，这才是将来的更富强之路。

■ 政治改革的探讨

经济改革，中国非常成功，政治改革还有待深入，这也是一个里程碑式的突破。

■ 法治要强化，减少不公平情况

1. 老人跌倒，旁人却不敢救，怕老人诬陷。

2. 碰瓷情况，到处都有发生。

3. 小孩泳池溺水，旁人冷漠，见死不救。

以上情况，为何发达国家少有，原因应该是国外法治严厉，诬陷、碰瓷等入罪很重，民众不敢犯，同时还会热心指证，使诈骗的人受到惩罚。

法治精神在英国为发源地，这中间经历了一百年的逐步推广及改善，因此中国的法治观念也要由孩童一代教育。

大幅度提高律师地位及收入，增大法院的规模，大量的媒体报道及监督。

将法治做好，制度化下去，是现任政府的一个目标。

■ 反贪腐要制度化，走上更高的层面

权富要分家，要当公务员必需要有抱负及理想，一心为民众，他的权力才会运用得当。假如当官只是为财，那社会便会彻底混乱。贪腐是万恶之首。你看全世界，有廉治政府，才有富裕的社会；没有廉治政府，人民就不会有好日子。

10

房地产税
时代的**来临**

> 【房子是用来住的，不是用来炒的】
> 【马来西亚房地产的调整】

房子是用来住的，不是用来炒的

■ 房产的过去

房地产行业在中国一直占有很重要的位置，带动很多相关企业，是经济发展及稳定的一个重要因素，相关从业人员约几千万人。

房地产也是中国少数的投资渠道之一，国外投资也不是一般群众能理解及参与的，因此房地产变成群众储蓄钱的一大出路。也因此房地产在近十年来，在中国未曾受到过大的调整。

■ 房产的未来

房产除了住之外，也是投资的一种，有升也会有降。在一些国家有大量土地面积的，例如美国以及欧洲等一些国家，房地产却只反映地价与建筑成本，价格合理，也很少有人屯积房产致富。

中国的国土面积不比美国或欧洲少，但美国、欧洲的房价比中国还便宜。美国、欧洲在房地产方面推出有效措施，来维持一定的土地供应，让价格涨不上去，让老百姓用一般的价格便能买得起。其实也有很多政策或招数能将房价平衡过来。

■ 房产税时代的来临

当土地越来越少时，要依靠别的财政收入，房产税顺理成章便是征税的一个途径。用每年缴收房产税来维持政府支出，是可行的办法。中国也讨论了五六年，相信在2020年左右，房产税便会实行。这个方法能有效杜绝大量屯积房地产的富裕人群，将房价调整。

房产税有很多方法，最简单莫过于：

第一种：一刀切，所有家庭有房的便征收0.25%的税金，这是最直接的方式，收入用在地方建设上。但一般百姓可能受不了，因为100万元的房子便每年多缴纳2500元税金。

第二种：所有100平方米以上的房产才征收，那么小房子便豁免，大部分老百姓的房子都豁免，30年以上的老房子也豁免。这样受影响的，只有能负担大房子的相对比较富有的人群，这样会比较公平一点。征收税金可能达到每年1%。

第三种：更公平但更复杂的方法，要设立房产税征收机构，让每个家庭自报资产，然后筛选家庭拥有三套房以上，第四套开始缴收每年房产税2%。一般市场上的租金收入为每年3%，抽掉税后，房产的收益只得1%，还低于银行存款，投资意欲便会减少，房地产价格爆升的机会便不会再出现。楼盘数量释放出来，价格自然调整。不再会有房没人住，需要房的却买不起。

每个地区房产税可以不一样，炒楼严重地区可以增到每年3%，炒楼不严重可用1%，这种微调可以由当地政府来调整。市政府每年有稳定的房产税收来源，房产税用在当地的建设上，造福当地的老百姓。

第四种：也是最复杂的，便是收所谓的"富人税"。富人税，即是5套房以上的收富人税，应用在住宅楼房。这是最复杂的征收方法，要全国联网，筛选出家庭名下有5套房以上的少数人群，针对性征收，与普通老百姓没关系。

从第六套房子开始，每年缴3%的税，租金的收益比银行存款还差。买房纯靠升值来赚钱，这样一来，富人再不可能大量屯积房产，将投资额度控制在5套以下，这样社会便得到平衡发展的局面。以上只应用在住宅上，商业楼不受影响，只有住宅影响民生，商业楼不需太多干涉，由市场来定价便合适。

住宅有了以上的房产税，楼价自然便回到不会人为炒高的水平。富人的投资，便会转移到生意方面，不会再大肆炒买事关民生的住宅楼房。

（房产税最终定案还没出台，以上纯属作者的猜测。）

■ 房子是用来住，不是用来炒的

政府要有决心，将房产税实行，并将贫富的距离透过政策，来平衡一下，公平合理。

两三年内，中国房地产也会必然有些调整：-10%与-20%之间。调整幅度政府应该会控制在-20%以内。 政府已收紧房地产信托的银行理财产品，估计两三年后，大部分信托到期，还债给持有者，亏损的情况应该不多，不会引起社会的动荡。

2020年左右，很大机会政府会引进房地产税，有可能先在炒买厉害的一线城市，例如深圳试试看。同时也可能在华东地区炒买厉害的杭州来试试，通过试点来看看调整的力度及影响。积累一两年经验后，便会全国推行，房价必然下调10%至20%。

马来西亚房地产的调整

■ 马来西亚以往房地产调整

1998年，美国金融风暴，房价调整-50%，冷淡三四年才慢慢恢复。

2008年，欧洲金融风暴，房价调整-30%，冷淡两三年才慢慢恢复。

马来西亚没有太多的本土因素影响楼市的下调。以往的调整，大多是国际因素，例如1998年与2008年的金融危机，是全球性的影响。大家的银根都被收紧，都要卖出房地产应急，价格便大幅度下跌，最严重的跌50%，价格腰斩。

2015年与2016年，马来西亚受到内部事件的影响，例如DIBS（Developer Interest Bearing Scheme =建筑期免供款）。DIBS 影响深远，很多人买了多套房产，准备在高位卖出的计划都落空了，银行没收不少楼盘。

■ 在马来西亚，银行没收的楼盘，低于市场价格3成，是最好的投资

在马来西亚，银行没收楼盘，没收购买者的二成或四成首期，本土购买者的首期是二成，国外买家例如新加坡或中国香港，首期是四成。因此银行在以后拍卖时，只需要拿回本土买家的八成，或国外的六成，便已回本。所以银行有一个政策，每一个月拍卖一次，每次没有买家时，都会降低一成的楼价推出。例如由降10%的折扣开始拍卖，没买家时，下一个月便是降20%的折扣，再没有买家时，再下一个月，便是降30%的折扣，甚至到降40%的折扣。

任何楼盘，降30%的折扣，便是深度调整。机会也就是十年一遇，假如能运用李嘉诚先生的逻辑，找着这个时机，大着胆量购入，以后便可能赚钱。当然房地产是长线投资，要持有5年至10年的时间，时间越长利润越高。这次马来西亚银行拍卖没收楼盘，在2018年楼盘全部卖出后，便再没有这种机会了。

11

股市两届
冠军的分享

> 【马来西亚两届股市冠军的分享】

> 【股市散户的最大致命伤】

> 【股票在大幅度调整时的策略：赤手抓落剑】

> 【关于股市的忠告】

马来西亚两届股市冠军的分享

股市有两个大道理，读者必须谨记。

■ 股票是有周期的

股市一般有三个阶段：上升阶段、下跌阶段和徘徊阶段。

投资者就只应该参与上升的一段。上升的一段，一般只维持2个月到3个月。

■ 股价是跟盈利走的

假如这个企业未来一年的利润增长一倍，那么它的股价，迟早也会涨一倍。假如企业亏损，股价也会滑落。这个是规律，当然有人为因素导致它没跟规律走，也只是庄家短期在操作的原因，长期的股价还是跟着企业的利润起落。

所以，要买将来会上涨的股票，首要任务便是要找出未来利润会大幅度增长的股票，这便需要花时间去阅读很多财经的资料，才能找到。

■ 2017年，2018年部分的盈利记录

盈利 二个月；111%
2018年 1月-2月

	最新价	参考市值	购入平均价	盈亏(对比前收市价)	盈亏比率对比	
00	19.36	116,160.00	20.934	-9,446.16	-7.52	
00	22.70	113,500.00	22.100	3,000.00	2.71	
	2.03	771,399.99	0.960	406,668.40	111.5	
00	3.90	46,800.00	4.300	-4,800.00	-9.3	
00	13.86	97,020.00	14,400	3,780.00	-3.75	

	市单	购入平均价	前收市价	T+1	T+2	前收市值	盈亏(对比前收市价)	盈亏比率对比前收市价
0	港币	1.549	4.080	0	0	12240.00	7593.75	163.44
0	港币	3.652	4.420	0	0	371280.00	64549.97	21.05
0	港币	0.725	0.920	0	0	1513002.56	320595.38	26.89

股市散户的最大致命伤

■ 当它是赌场，不需要花力气来赚钱

有些"赌瘾"严重的散户每天都要买卖一把才过瘾。买卖没有任何规律，方法很随意，听消息买卖为主。偶尔赚钱，但由于买卖频繁，几乎无一例外，都回吐回去甚至输得很惨。

很多散户都戒不了这种"赌瘾"，每周不来一两把，心痒难耐，也不去下功夫研究，就当是赌场一样，最后都是输掉大部分资金。

■ 分散投资，大网捞鱼方式

不肯去学习，不肯下功夫。他们认为股市是不用操劳的容易钱，不会认真去下功夫，天天都在看网上散布的消息陷阱，胡乱相信网上的指导。买下10只，最后结果，5只赚钱，5只亏损，玩几年都是徒劳无功。

股市是要花精力下大功夫去研究的，绝对不会从天上掉馅饼。靠消息的股票，第一你不敢重仓大注码，第二你拿不住，赚10%~30%便会卖掉，不会等它赚一两倍。网上有些新闻几乎不需要看，部分是庄家存心诱导人的，有些是乱发，为的是吸引眼球。这些消息，只会扰乱你的判断，看多了反而害人，索性避开它，不要去看是上策。

■ 股市要掌握战胜之道

笔者是读经济学出身，自己以为已经够资格去投资股市，在50岁左右，也就是10年前，从房地产赚了点钱，便拿一部分投资在股市。结果仅凭一知半解，最终亏损收场，与一般散户无异。

在一两年内，开始找收费的课堂，每次学费都不菲，都要一两万元以上。经过不断地学习，听听名师教导。老师有中国香港的、马来西亚的、新加坡的，真正学到东西的，应该有三位，这几位的技巧，后来我将之融合在自己独门的"滑浪方法"中。之后，股市投资便一帆风顺。

2014年有半年时间定居在马来西亚，同样用在马来西亚的股市上，还拿到2015年和2017 年的冠军，每年都翻一番。在2017年，开办了价值投资研究工作室，将研究成果与会员们分享。

■ 独门的"滑浪方法"有三个要素

一是研究：找出那个企业未来半年及一年的财务报表，盈利增长50%甚至一倍以上。这需要每周花平均5小时左右的时间，阅读大量的财经资料，百里挑一。挑选的股票还要符合在低位没涨上去的底部区域，那便能赚30%~50%的利润。

二是买卖技巧：例如，买任何一只股票，分开10批来购买，先买入一两批，试水温。

三是资产管理技术：用"反向思维"，花费50%的时间思考失败。你要知道，有一半时间，你是会选错股票；你如何全身而退，是最大的一个学问。赚时加仓，有亏损马上减一半仓位，严格执行，不能有任何情绪影响。

股票在大幅度调整时的策略：赤手抓落剑

一把锋利的宝剑，从高空掉下来，你赤手抓住，肯定会被割伤。购买在暴跌中的股票，可能遭受更大的亏损，就好像赤手抓落剑手掌会受到重创一样。

这句一向被视为股市金科玉律的名言，的确是很贴切的。因此，很少有人对这句名言置疑，因为这是经验之谈。但是，作为一名反向策略投资者，我认为此话有商榷余地。

首先让我们从投资做生意的观点来思考。我们一定要念念不忘：股票就是公司的股份，买股票就是参股做生意。若是私人公司，通常我们是跟熟悉的朋友或亲戚合股做生意。但是，购买上市公司的股份，却是跟数以千计的陌生人合股做生意。你可能从来没有见过掌管这家公司业务的董事。换句话说，参股于上市公司，你是把你的血汗钱交给与你素未谋面的人去做生意。你的投资，能否为你带来合理的回报，就要看公司赚不赚钱。如果公司赚大钱，又派发丰厚的股息，则买入这家公司股份的人越来越多，在求过于供的情况下，股价必然上升，你自然而然就财源广进。相反的，如果公司年年亏本，就好像一些上市公司那样，股份没人要，股价越来越低，投资者可能血本无归。"有麝自然香，何必当风扬"，只要公司盈利年年上升，股价必然随之上升，那是必然的结果。

所以，投资者应该关心的是公司的业绩，而不是股价的波动。但是，一般投资者的通病，是盯住股价，不理会公司的基本面，这是舍本逐末，难以赚钱。参股做生意，入股的成本要低，越低越好。在股市低迷时，廉价买进股份，等于本小利大，风险自然较低。

所以，股票是应该在股价低的时候买进，而不是在股价高时买进。但大部分散户，在股价低时不敢买，在股价高时却抢购，这是不是有违常理？大部分散户都在长期做着有违常理的事而不自知。股票大概是唯一价低时没人要，价高时才有人抢购的"商品"。这也是我坚持"人弃我取"策略的原因。"人弃我取"就是反向操作。反向操作就是必须"低买高卖"才有可能赚钱。

现在再回到"赤手抓落剑"的课题上。当利剑开始掉落时，你不假思索去抓捉，肯定会受伤。当股价开始崩溃时，你怕失去投资机会，迫不及待去购买，的确会导致亏损。怕失去机会而仓促买进，是一般人的通病。

其实，你根本不必担心失去机会。因为跌势越快，越快落到地面。

到地面时，就静止不动，你可以从容不迫地拾剑，肯定不会割伤手指。当股价落到尽头时，要卖的人都卖光了，要买的人由于悲观气氛笼罩，也不想买进，或是不敢买进，股价会横盘2~3个月，你有足够的时间买进。所以，掉落中的利剑，的确不可匆匆忙忙去抓；但当利剑落到地面时，不去拾取就太可惜了。

记住，在买进一只股票时，问自己："如果此股大跌，我敢买进更多吗？"如果你不敢，表示你对此股没有信心，那就千万不要买进。唯有当此股暴跌，你敢买进更多以拉低成本时，才可以买进。是的，不可仓促赤手抓落剑，但利剑落到地面时却不敢拾取，这样的你不适合投资股票。

关于股市的忠告

■ 选股票的要点

1. 投资一个没有垄断地位的公司，便是等死。产品一定要有革命性的改进。

2. 如果一个行业的前景没有太多前途，那么它多便宜都没有意义。反过来，如果一个企业有独特的技术，它几年的亏损都不可怕，重要的是几年后，它是否能有效占领市场及有好的现金流，例如 google、amazon、facebook，等等。但只是高增长，而没有太多技术含量的，很容易被人家模仿，例如 groupon，最终便死掉。

3. 留意在小行业垄断的企业，然后再往周边相关行业扩张。例如 amazon 先做书，然后再往周边扩张。

4. 企业创办时的缺陷，很难事后去弥补，是先天性的问题。

5. 必需集中火力，不要撒胡椒粉。

■ 股市 15 句忠告

1. 股票有内在价值，它的市场价有情绪，时高时低。

2. 在低位徘徊时，投资者最初买入的部分会有些损失，是要忍受的。

3. 投资者必须有想法与对事情的推算，不管正确或不正确，这是投资者与短线散户的重要差异。

4.（1）价值高估时就选择休息或等待，千万不要在空头时去挖掘那些逆势的奇怪股票，这无疑是沙漠挖井的做法，成功机会微乎极微，风险极高。

（2）在股市里，闭上眼睛才能看得清楚。反复思考而不采取行动，比不加思考而采取行动好。（3）短线散户的一大半时间在盯盘，真正的投资者，一周只看两次行情，半数时间在看财经杂志或年报。

5. 买入时勇敢，卖出时要果断，在此之间，应该睡觉。

6. 在交易生涯，因内线消息而损失，不甚枚举，受益的少之又少。

7. 股市有两个关键点：预判事态，交易量多寡及民众反应。

8. 如果基金大赚，那表示高峰离顶部 3 至 6 个月，要预备逃顶。

9. 在晚上必须有主意，制定两种可能性的对策，早上观测，中午按照昨晚想好的方案操作。

10. 上涨 3% 以上，要忍住，在调整三浪后买入是最安全的。 在建仓期，不要建全仓，最多半仓，在等到真正上升时，才买入第三批、第四批。买贵不要紧，已经是明赚，最后两批赚少点，但风险也少点，最后两批赚钱最快，通常一个月内便卖掉获利。

11. 散户最难的两件事：接受损失；不赚短线小利。

12. 投资不需要深奥的学问，而是清醒的头脑。

13. 股市行情经常会短暂反常，总要过一段时间才按照你的预期走，感觉很糟糕，这十分考验你的信念。

14. 股票下跌的时候不敢买股票的人，到上涨时，也不会卖。

15. 胆小的，睡好觉，钱存银行最安全。

要想得到更大收益，你必须懂得股票投资的技巧。

■ 首席顾问评语

找到一只未来非常赚钱的股票是关键，当然也是不容易的事，要经过不停的研究，不停的阅读筛选，多只股票之间互相比较。每周 8 小时，9 成的股票都会被淘汰。但剩下的精华，便能让你赚到丰厚的回报。你要记着，钱是辛苦赚来的，不要随随便便地投资，要认真对待，要有一击必中的决心与准备。

这就符合股票游戏的规则，股票游戏并不是简单地赌一把，其实它是思考比赛的一个场所，投资是互相竞技的地方，你必须用上"反向思维"去全方位思考，想好退路和遇到最坏情况时的应对方法。见到不对，可以逐步减仓，将损失控制住。认真地去做，就有可能拿到 10% 的年回报，甚至更高的收益。